任何人都可以寫出神級提案好企劃！

提案書・企画書の基本がしっかり身につく本

TOMIYA SHINJI
富田眞司／著
卓惠娟／譯

八方出版

- Preface -
前言

掌握7大訣竅，第一次寫提案書、企劃書就上手

有條理地彙整出能讓對方接納的點子

有些人光聽到提案或企劃一詞，就嚇到腿發軟，直說「我最怕寫文章了」、「這超難的」。但是提案及企劃，是針對自己的工作進行統整資訊及想法，要是心裡覺得討厭，工作也不可能做得好。更何況，在邁入成熟社會[1]的今日，新需求的增加減緩，若無法主動提案，就無法爭取到更多的工作機會。換言之，沒有比現在更需要提案書、企劃書的時刻了，不是嗎？

相信大家應該數不清有多少次曾在工作時想過：「我想這麼做」、「明明這樣做比較好」、「應該有更好的方法才對」。而將這樣的意見、需求、創意有條理地進行彙整，並寫出能讓他人接納的報告，就是提案書、企劃書。

因此，在進行提案或企劃時，說服對方的過程最為重要。光是洋洋灑灑地列出點子，卻無法準確傳達內容的話，就無法成功說服對方。

事實上，有不少人在把想法彙整為企劃時，常會因為心理上的抗拒或不習慣書寫，而花費了許多時間。

針對不擅長提案、企劃者的7項工夫

本書為了消除抗拒意識，盡可能順利地寫出提案書、企劃書，提供以下7大訣竅供參考。

❶ 依提案書、企劃書的目的分開書寫

把提案書、企劃書特別依用途分開。依照目的，能夠更輕易交出提案，以及準確務實的企劃書。

依照這個方式，初學者也能輕鬆寫出提案及企劃。

❷ 消除抗拒意識的兩個切入點

想要克服抗拒意識，就必須先分析出抗拒的原因，並從提升「提案能力」及「3項構成要素」這兩個切入點，來提出因應對策。

③ **10種固定格式範例**

為了能夠更輕鬆的書寫，本書提供了10種適用任何情況、普遍性高的固定格式範例。只要將文章型提案、圖表型提案、一頁簡潔提案、數頁提案等範例加以活用，就能隨時寫出符合目的的提案及企劃。

④ **「3項構成要素」是撰寫基礎**

提案書、企劃書的構成要素有3項，只要根據這3項構成要素進行撰寫，任何人都能毫不遲疑地順利書寫。

⑤ **15個案例及重點**

針對公司內部及合作往來的企業客戶，準備了15個案例，並在每個案例中說明提案重點。若是有想提案的領域案例，可以直接套用，將能更快速地寫出提案書、企劃書。

⑥ **會被採用的5個基礎知識**

是筆者從長年累月以來的實際經驗，統整出5項基礎知識，以利讀者「寫出會被採用的提案書、企劃書」。

⑦ 製作提案的資料庫

本書蒐集了豐富的資料庫，可直接運用於提案，為了能夠一目瞭然，於目錄中一一列出。

本書的出版目的，除了教導提案書、企劃書的初學者以外，也希望能幫助所有不擅長撰寫提案書、企劃書的人，往後能依據這些對策，流暢寫出會被採用的提案書、企劃書。不過，在實例中說明的提案及企劃，都是以範例寫成，所寫的內容及數值不一定和實際案例相同。請各位讀者再依各業界狀況套用及書寫。

富田眞司

1 成熟社會是指社會在成長方面，停止追求量的擴大，開始重視精神上的充實及生活品質的提升，源自英國物理學家丹尼斯・蓋博（Denis Gabor）的著作《成熟社會》（the mature society）。

Contents

目次

PART2 提案及企劃被採用的關鍵

PART3 立刻實踐！提案書及企劃書的10個固定格式

提案書格式範例（D型：初級）綜合提案邏輯型

提案書格式範例（E型：中級）綜合商品提案結論型

提案書格式範例（F型：中級）綜合事業提案結論型

02

提案書、企劃書格式範例（G～J）

提案書．企劃書格式範例（G型：初級）簡潔文章提案邏輯型

提案書．企劃書格式範例（H型：中級）綜合文章提案邏輯型

提案書．企劃書格式範例（I型：進階級）簡潔綜合提案邏輯型

提案書．企劃書格式範例（J型：進階級）綜合提案邏輯型

PART4 提案及企劃 以3個結構要素彙整

PART5 立刻派上用場！公司內部提案書及企劃書案例

PART6 立刻派上用場！給企業客戶的提案書及企劃書範例

- Index -
索引

能運用於提案書、企劃書的圖表資料庫

提案書及企劃書的製作步驟

進行現況分析以發掘課題，
產生大量創意

↓

依據主旨、目的、概念等形成課題
的基本方針，透過標題呈現，
製作提案流程

↓

「製作提案書」

製作具體的執行計畫

↓

擬定經費預算、預期效益

↓

完成企劃書

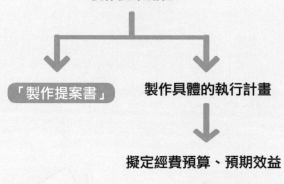

PART.1

消除抗拒意識，就能快速寫出提案書及企劃書

01 不會寫提案書及企劃書，注定在商場上會吃大虧

為什麼需要提案書及企劃書？

在商場上，推動一切工作最不可或缺的，就是提案及企劃。我們必須把提案及企劃的內容，寫成書面的提案書或企劃書的理由如下：

- **口頭闡述的想法並無法實踐，而且沒有任何助益。**
- **只要有了提案書或企劃書，就能交由個人獨力執行，也能讓原本不清楚計畫的人讀完後，能據以判斷。**

如果只是用口語闡述提案或企劃，在現場講完後，就只是一個曾經出現的話題，可能連究竟是誰提出的案子都會被忘掉。這麼一來，不但無法獲得主管或往來企業的正面評價，甚至還可能被其他公司掠奪創意，因而錯失了大生意的案例更是不勝枚舉。

另一方面，交出的提案書或企劃書，除了要根據對方的要求，滿足其開出的條件之外，由於會與申請書及公文簽呈一併附上，還必須對提案及企劃內容負起責任。

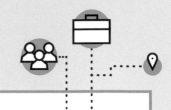

為什麼需要提案書、企劃書？

理由 1

口頭提案會被遺忘

- 搞不清楚是誰提出的案子。
- 僅是「提供情報」，而非提案。

→ **因此，必須以提案書的形式提出。**

理由 2

有了提案書、企劃書，
就能由個人獨力付諸實踐

- 與公司內部的「申請書或公文簽呈」一併附上。
- 對於呈報的內容負起責任。

→ **因此，必須確實地撰寫內容。**

消除對提案書及企劃書的抗拒

在工作上，把「我想這麼做」的想法具體彙整、撰寫成書面文件，就是提案書或企劃書。

然而，工作上不可或缺的提案書及企劃書，實際上卻讓相當多人缺乏自信。以我目前所接觸過的案例來說，每五個人當中，大約就有兩、三個人在潛意識裡抱持著抗拒的念頭。

至於抗拒的原因，我想一來是因為這些屬於書面文件，必須具備一定的條件、格式，以及感到必須對內容負責吧。不知道該怎麼寫才好，又不能隨便寫寫了事，當這樣的想法越來越強烈時，對於提案書及企劃書就會越抗拒。

其次，是覺得自己不擅長創意思考。而既然是提案、企劃，就會要求內容必須具有獨特性。因此，缺乏自信，認為自己無法想出令人耳目一新或讓人感興趣的創意，也是產生抗拒意識的因素之一。

本書將說明消除這些抗拒意識的關鍵，讓你擁有寫出提案書及企劃書的自信。

對於撰寫企劃書
沒自信的人比比皆是

原因 1
對內容的責任感

「不能寫出不負責任的內容」造成心理壓力。

原因 2
認定自己不擅長創意思考

沒自信能寫出讓他人感興趣的創意。

↓

讀完本書就能輕鬆解決！

提案書及企劃書的兩種效益

將想法彙整為提案書或企劃書，會產生什麼樣的效益呢？

在此可分為一次效益與二次效益來說明。首先是提案及企劃本身具有的一次效益。

- **是向他人展現能力的絕佳機會。**
- **能夠獲得他人的評價。**

不僅如此，當提案書或企劃書被採用時，還能產生以下的二次效益。

- **開創新業務或計畫，提高你在公司內部的評價。**
- **企業客戶向公司下訂單，你將獲得「具有提案能力」的評價。**

那麼，如果提案書或企劃書未獲採用，是不是就無法產生任何效益了呢？

並非如此，即便當下沒有被採用，仍會對你產生「必要時能提出有效提案的人」之評價。

一旦合作往來的企業客戶有什麼業務上的困擾時，優先找你商量提案的可能性就會大增，不是嗎？

提案書及企劃書的兩種效益

一次效益：於提案時

- 展現能力
- 獲得評價

↓

二次效益：於提案獲得採用時

企業客戶

- 取得訂單
- 獲得「具有提案能力」的評價

公司內部

- 評價更高
- 對公司有貢獻

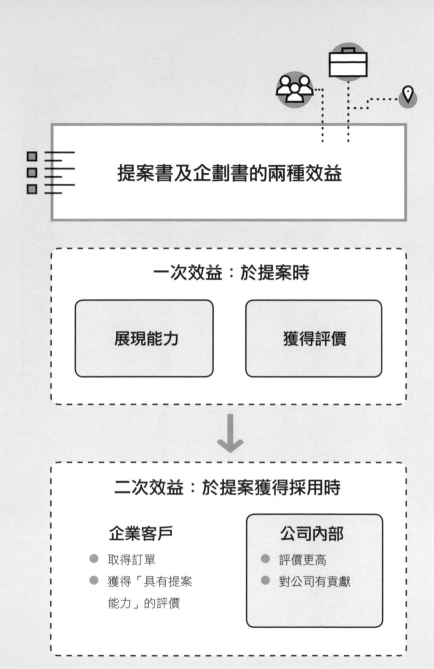

02 任何人都要學會提案及企劃

不論是業務員或會計，都需要製作提案書及企劃書

一般人很容易誤解，以為只有企劃部門或市場行銷部門的員工，才需要寫提案書或企劃書。其實，需要寫提案書或企劃書的人，如同以下所列舉的，和身處在什麼樣的組織、機構或地位完全無關。

- **私人企業不消說，還包括政府機構或團體等一切組織。**
- **經營企劃、業務、總務、會計、商品企劃、製造、技術、資訊科技、採購、市場行銷等各種部門。**
- **和職位、年資無關，從經營者到新進職員的所有成員。**

不論是負責業務或會計的人，同樣都需要具備提案、企劃的能力。

此外，並不是部長、幹部或社長等管理職，就不需要提案、企劃，因為工作的完成或改善，絕非只靠少數部門或位階的人。

誰需要提案書及企劃書？

組織

企業
自營業
專門職業及技術人員
政府機關
各種團體等

部門

業務、製造、採購、總務、市場行銷、商品企劃、管理、資訊科技、經營企劃等

位階

社長、幹部、部長或課長等管理職，從一般員工到新進員工

從老舊到創新的業務模式

在經濟不景氣的現今，企業的所有部門都要求員工要能積極提案或企劃，而無法提案或企劃、只能被動接受工作指派的員工，將日漸遭到淘汰。

先看看業務這個性質的工作吧！過去的業務模式有串門子、登門拜訪等推銷方式。只要時間耗久了，自然有機會做成生意，所以這些方式在過去的時代行得通。

另外，強迫推銷的老舊手法或許至今仍然存在，過去的那些業務模式或許還能產生優異的績效，但是成熟社會的今天，即使想要強迫推銷，也不一定能夠約到客戶，更別想要進行提案或企劃了。那麼，創新的業務模式是什麼呢？

- **勤於蒐集企業客戶的資訊，在適當時機提出提案書或企劃書。**
- **替企業客戶解決難題，消除對方的困擾，隨著企業客戶的營業額擴大，自家公司的收益也會跟著增加。**

務必做到以上事項，才是「市場行銷業務」、「提案型銷售」、「顧問式銷售」。若是具備提案或企劃能力的業務員，即便不進行推銷，當企業客戶遇到困難時，也會優先找你商量。

「顧問式銷售」的業務模式將成為主流

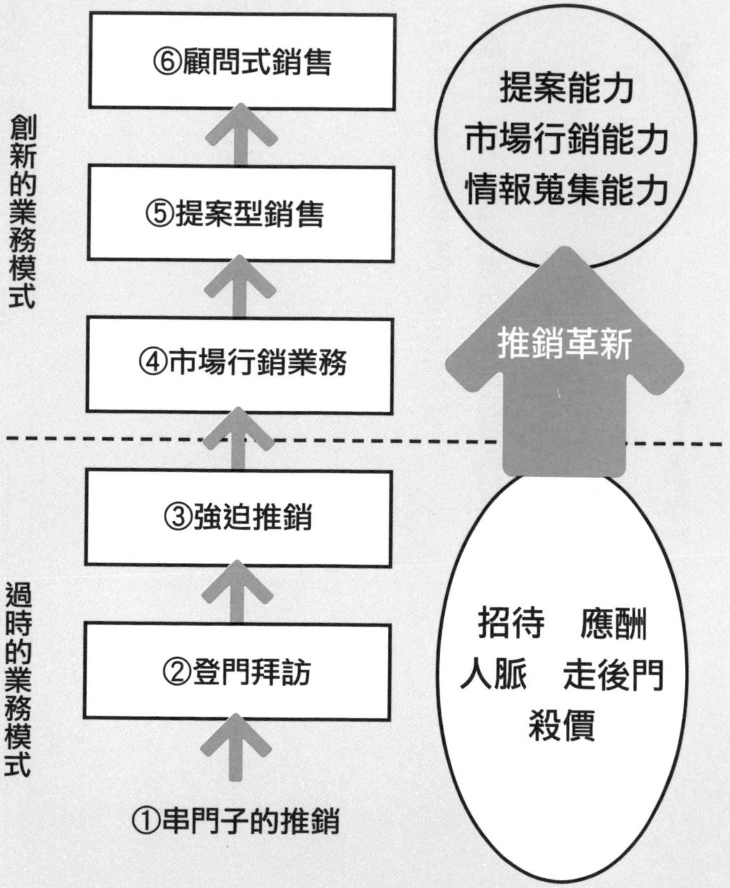

03 提案書和企劃書的差異

只揭示方向，還是必須包括執行內容？

提案書和企劃書究竟哪裡不同呢？雖然在商場上兩者都在使用，但並沒有特別嚴格區分出兩者的定義。以一般概念來看，可以區分如下：

- **提案書是將創意階段略微聚焦，提出解決的方向。**
- **企劃書是把提案書更加具體化，列出具體的解決方法和必須執行的內容。**

提案書不講究形式，不需詳細書寫，只要能符合提案條件即可，比較好寫。反之，企劃書則需要較為具體的內容，包括佐證資料、實際執行時的經費預算及預期效益的評估等條件。但是，在實際應用的商場上，兩者的概念其實常有重疊。

本書為了使提案能夠更有效地執行，刻意將「提案書」和「企劃書」做出明確區隔，請見左頁的表格。

提案書和企劃書的差異

	提案書	企劃書
內容	● 從解決問題的創意彙整出方向，整理成書面文件。	● 將解決問題的創意化為具體的內容，彙整為實際可執行的內容。
提案內容	● 沒有特別規定，視需求而定，可以擇項撰寫。	● 有固定的項目，必須依照企劃書的項目撰寫。
撰寫容易度	● 視目的、用途而定，輕鬆而且比較容易撰寫。	● 説到企劃書，就有「這是件大工程」的強烈印象，必須花費更多心思。

提案是「打算怎麼做」；企劃是「執行內容」

就如上一節的說明，提案書和企劃書在實際使用時，其實並沒有嚴格的區別。但卻有人會認為「企劃書不好寫，若是提案書的話，我或許寫得出來」，正是因為知道提案書的撰寫要相對容易，而撰寫企劃書就困難多了。

本書把提案書和企劃書分開使用，依照以下流程加以掌握。

- **一、口頭說明創意。**
- **二、以提案書的形式揭示方向。**
- **三、作為企劃書能落實而加以具體化。**

有時候，在執行階段還會製作計畫書。不過在商場上，未必會像這樣以提案書、企劃書、計畫書的順序，明確進行區分。

有些是先經過口頭說明，再製作企劃書；有些則是先有提案書，然後才製作企劃書；有時候可能沒有計畫書，就直接依照企劃書執行了。

雖然市面上出版了很多談論企劃書的書籍，有些書把提案書和企劃書並列說明，卻幾乎只針對企劃書做解說。實際上，分清楚什麼是提案、什麼是企劃，並理解其產生和製作的流程，是極為重要的事。

從提案、企劃到執行的流程

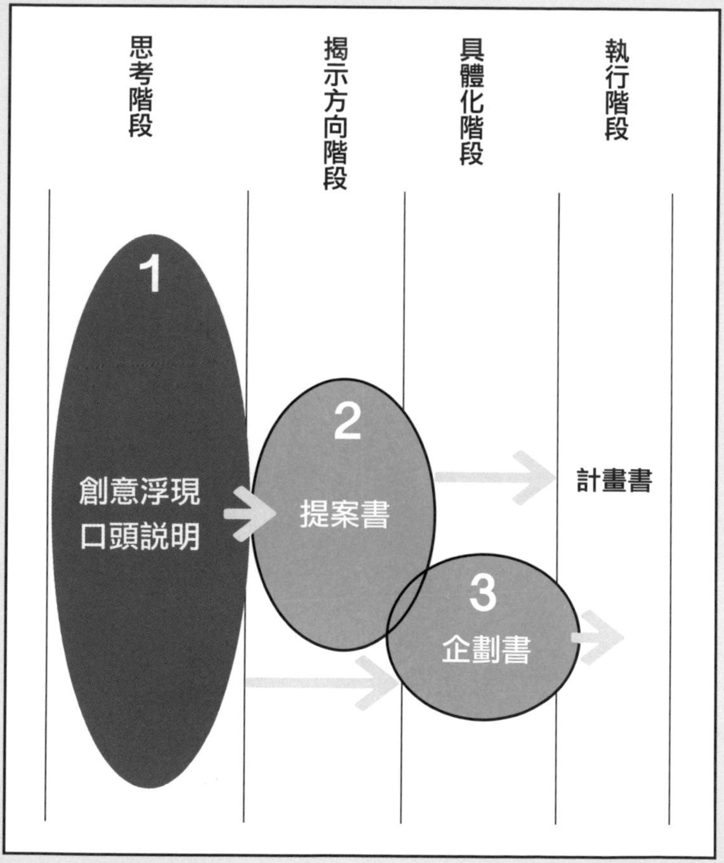

提案書通常會先寫出結論

美國和日本一樣，都沒有明確區分提案書和企劃書，不過美國把提案書稱為「proposal」，企劃書則稱為「plan」。

- **proposal，採用條列式寫下要點，是可以輕鬆實施的建議。**
- **plan，是以基本想法作為提案的內容，已經接近定案，之後若要重寫、修正或變更都很困難。**

proposal（提案書）中，並不包括簡報，簡報時使用的書面資料、企劃書稱為簡報文件（presentation document）。另外，推薦方案（recommendation）則是指提出多重方案時的建議案。

美式寫法的特徵，就是徹底採用「結論先行」的方式，先由結論開始敘述，接著再以「原因是……」的形式來做說明，使論點更為明確。而日本過去大多採取先說明原因，最後再陳述結論的邏輯論述提案。

其實，美式和日式的寫法各有所長，建議視提案或企劃的對象、需求、場合加以調整，巧妙地運用這兩種方法，將使成效更佳。

背景和結論的撰寫順序

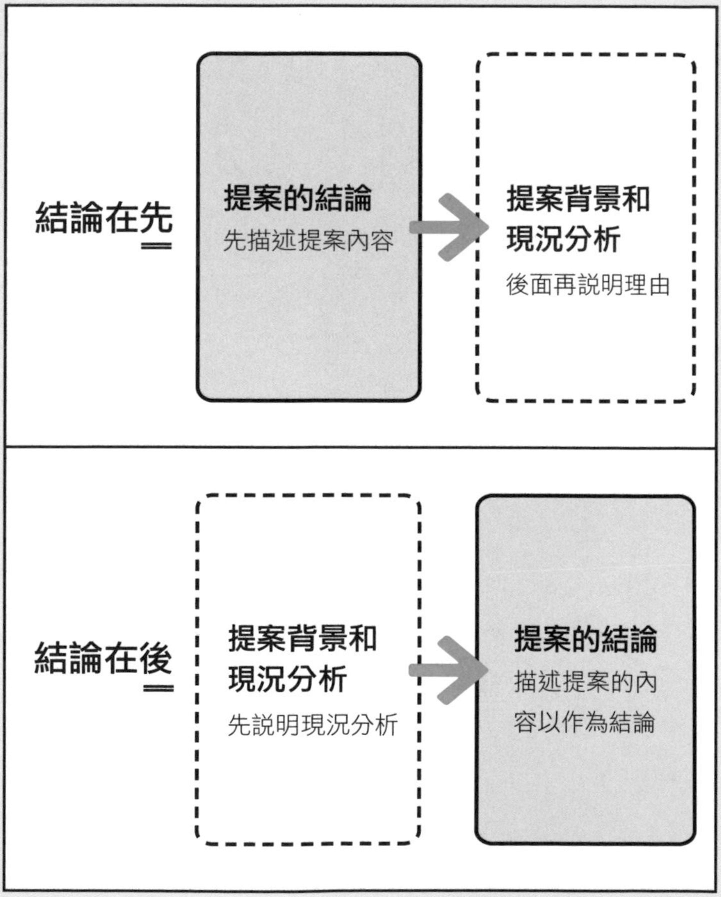

結論在先
提案的結論
先描述提案內容
提案背景和
現況分析
後面再說明理由
結論在後
提案背景和
現況分析
先說明現況分析
提案的結論
描述提案的內
容以作為結論

04 提案及企劃裡充滿無數的機會

以提案及企劃讓公司充滿活力

倘若無法確實掌握課題，就無法做出有效的公司內部提案及企劃。其實，公司內部充斥著各種課題，不妨主動提案、企劃，創造更多的機會。

- **提升決策效率（組織扁平化、打破位階、權限委讓等）。**
- **因應客戶需求建立組織（資訊分享、效率提升等）。**
- **有效運用人才（高齡者、女性、年輕員工、派遣員工等）。**
- **提升員工技能（業務部門：加強開發新客戶、加強推銷能力；加強各部門能力等）。**
- **削減經費、提升工作效率（推動資訊科技化、重新檢核經費、人事費用等）。**
- **提高顧客滿意度（鞏固既有顧客、強化客訴對策等）。**
- **個資保護對策（徹底管理資料、安全對策等）。**
- **針對環境問題的因應方案（商品、綑包、垃圾等）。**

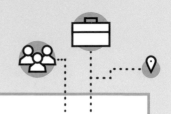

公司內部有無數的提案機會

提升決策效率
組織扁平化、打破位階、權限委讓等

因應客戶需求建立組織
資訊分享、效率提升等

有效運用人才
高齡者、女性、年輕員工、派遣員工等

提升員工技能
業務部門：加強開發新客戶、加強推銷能力；加強各部門能力等

公司內部提案機會

削減經費、提升工作效率
推動資訊科技化、重新檢核經費、人事費用等

提高顧客滿意度
鞏固既有顧客、強化客訴對策等

個資保護對策
徹底管理資料、安全對策等

針對環境問題的因應方案
商品、綑包、垃圾等

透過提案及企劃，滿足企業客戶的需求

提交給企業客戶的提案或企劃，經常是因為受到對方的委託，但如果想要擴展商機，就應該更積極主動提案。

那麼，可以針對哪些方向提案、企劃呢？以下舉出幾個比較普遍的課題，不妨根據這些課題，具體針對自己的工作進行更深入的探究，在自己最精通、最有自信的領域著手，相信能得到更多創意。

- **顧客開拓（新顧客開發、創造需求等）。**
- **顧客管理（鞏固、資訊科技運用等）。**
- **解除或加強經濟法規上的各種管制（個資保護對策、存保對策、結構改革特區對策等）**
- **新手法開拓（引進新市場行銷手法、新網路手法等）。**
- **集客（氣候異常應變、區域行銷對應、招攬顧客活動等）。**
- **重新檢視廣告促銷活動（媒體廣告、郵寄廣告、夾報廣告或傳單、網路廣告等）。**
- **異業結盟（異業工作互援、同業種、同對象、同概念等）。**
- **環境對策（安全、安心、垃圾問題等）**
- **降低成本（集中採購、利用網路公開招標、採購系統合理化等）。**

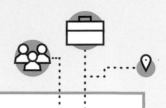

提交給企業客戶的提案及企劃

針對企業客戶的提案機會

●顧客開拓
新顧客開發、創造需求等

●顧客管理
鞏固、資訊科技運用等

●解除或加強管制
個資保護對策、存保對策、結構改革特區對策等

●新手法開拓
引進新市場行銷手法、新網路手法等

●集客
氣候異常應變、區域行銷對應、招攬顧客活動等

●重新檢視廣告促銷活動
媒體廣告、郵寄廣告、夾報廣告或傳單、網路廣告等

●異業結盟
異業工作互援、同業種、同對象、同概念等

●環境對策
安全、安心、垃圾問題等

●降低成本
集中採購、利用網路公開招標、採購系統合理化等

05 「委託提案」和「主動提案」的差異

積極發掘顧客需求的「主動提案」將成為主流

提案和企劃可以大略分為以下兩種。

- **對方提出的「委託提案」。**
- **未經委託，自己主動提出的「主動提案」。**

由主管或企業客戶委託提案或企劃的機會，越來越有限了。因為以往的委託提案正在不斷減少，這是目前商業界的現況。

相信在這樣的趨勢下，未來主管或企業客戶委託的提案和企劃，應該只限於急迫、必要且高難度的內容。除此之外的委託提案出現的機率，一定會越來越渺茫。

所以，今後主動提案將成為主流。若是不主動提案、企劃，就會失去工作機會，所以不妨試著更積極主動的進行提案、企劃吧！

「主動提案」將成為時代主流

	委託提案	主動提案
過去	由主管或企業客戶委託提案占多數。	不太多。
今後	由主管或企業客戶委託提案變少。	越來越多。

被動等待的「委託提案」V.S. 主動進攻的「主動提案」

委託提案和主動提案的主要差異，就在於委託提案處於被動狀態，主動提案則是主動進攻。這樣的差異將會衍生什麼樣的結果呢？

在千篇一律的工作環境中，在固有的職務範圍內，可以很清楚該處理哪些課題才恰當。換句話說，下個階段的工作該如何進行，總是一目瞭然，因此主管或企業客戶能輕易的提出委託提案。

反過來說，若主管或企業客戶搞不清工作該如何進行時，就很難提出委託提案。

- **委託提案的課題往往很明確，相形之下，主動提案就必須自行發掘課題。**
- **通常在成長期時，委託提案會比較多，而不景氣時，主動提案的機會會大幅增加。**
- **相較於競爭激烈的委託提案，主動提案通常是單獨進行。**
- **針對企業客戶進行主動提案時，如果對內容只是一知半解，就無法獲得交易機會。**
- **主動提案也是展現自我能力的絕佳機會。**

委託提案及主動提案有著上述這些差異。正因為是主動提案，提案書及企劃書的內容當然必須更加審慎嚴謹。

提案的兩種類型

委託提案		主動提案
課題明確	↔	自行發掘課題
成長期需要	↔	不景氣、衰退期需要
機會少	↔	機會多
被動	↔	主動

對企業客戶的提案

競爭激烈	↔	單獨提案
一定會有訂單	↔	提案不佳就沒有訂單也是展現自我能力的機會

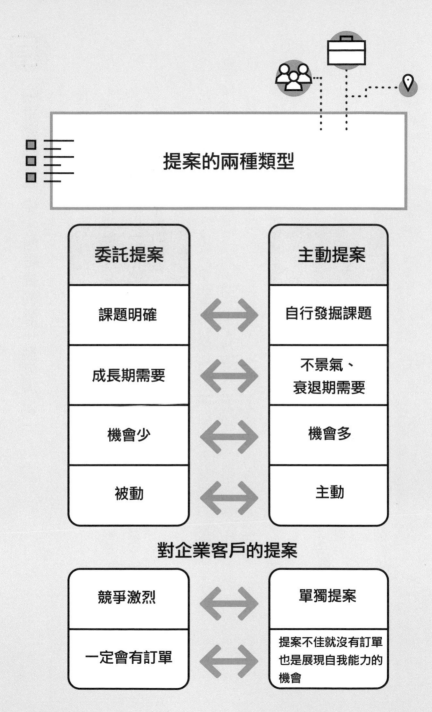

「主動提案」中，最重要的是「發掘課題」

提案或企劃的內容，會依據受委託或主動進行的場合，自然有所變化。

- **委託提案：重點在於針對委託的內容、條件，提出重要且具體的解決對策。**
- **主動提案：重點是以「為什麼要提案」作為命題基礎，並且提出解決對策，比接受委託提案時需要準備更充分的內容。**

在進行委託提案時，大多數的委託者對於問題點或課題都蠻清楚的，不消說對於提案或企劃也會採用嚴格的角度去評估。因此，除了附上其他公司實際執行的情況作為佐證資料外，也必須推估、預測本提案執行後的效益。

另一方面，主動提案最為困難的一點就是「發掘課題」。在進行主動提案時，通常無法由提案對象那裡得到具體的情報或資料，因此必須設法自行發掘課題。

而要是抓錯了問題點，就會偏離課題。一旦課題錯誤，原本準備作為解決對策之用的提案，當然也就派不上用場了，如此一來，所完成的提案或企劃想當然耳就不會被採用。

不過，如果課題的設定或提案的切入點很出色時，就有可能得到高度的肯定。有時也能以此為契機，得到再次提案或企劃的機會。

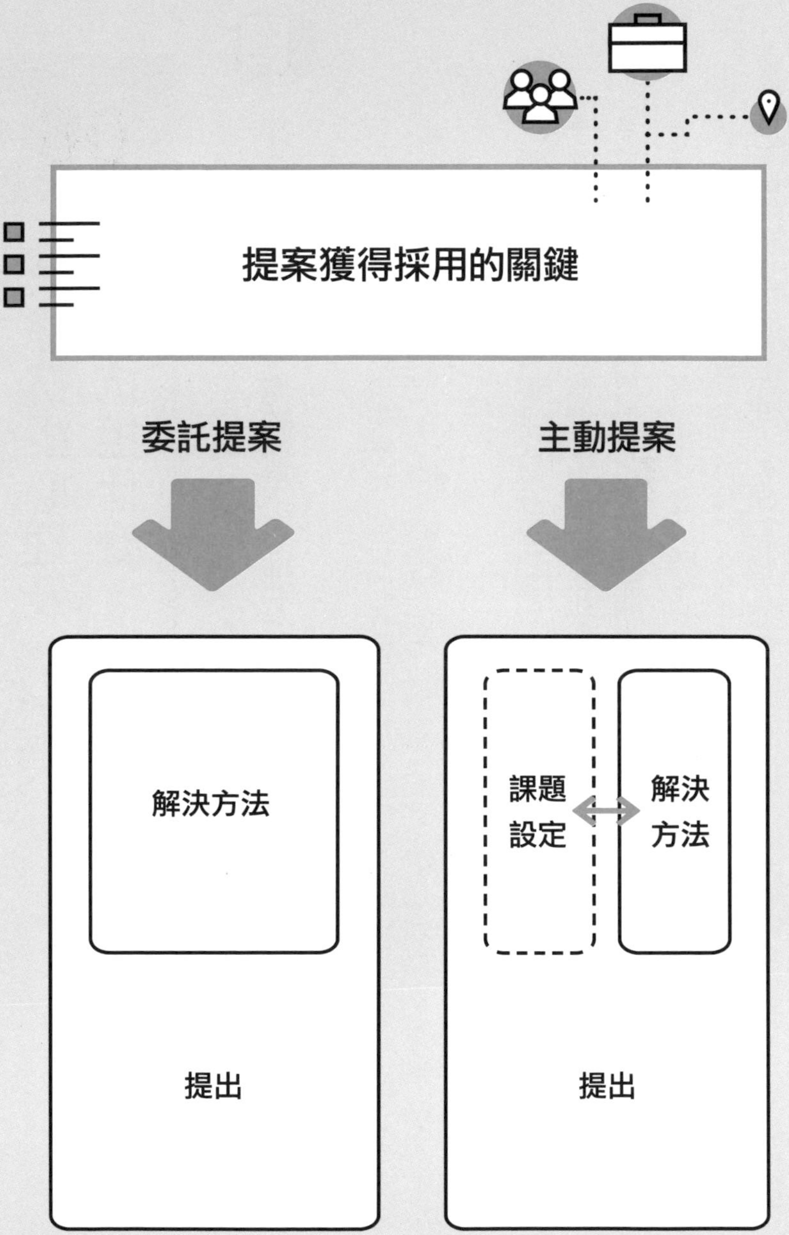
提案獲得採用的關鍵
委託提案
主動提案
解決方法
提出
課題設定
解決方法
提出

06 消除抗拒心理及了解抗拒什麼

從「提案能力」克服抗拒心理及3項對策

不要只停留在抗拒製作提案書、企劃書的層面，若是能夠知道自己為什麼會抗拒，就能克服抗拒心理。不妨從反省自己「提案能力」的角度出發，思考抗拒心理及對策。接下來，列舉3項原因及對策：

- **原因1「不知該提案或企劃什麼內容」**
- **原因2「雖然有提案的點子，但不知如何統整」**
- **原因3「希望寫出更具說服力的提案書」**

若是在第一項原因的情況下，就必須掌握提案或企劃的目的，也就是「發掘課題」及「思考解決對策」，記住結構要素及流程；若是第二項原因，可以參考提案書和企劃書的範例格式或其他案例；若是第三項原因，不妨多下點功夫，學習結構、標題等用字遣詞，以及如何加入數據或案例、預期效益等。

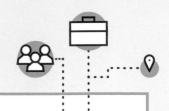

從「提案能力」克服抗拒心理及 3 項對策

提案能力	對策
原因 1 **「不知該提案或企劃什麼內容」**	要了解提案、企劃是為什麼而生的。學習「從困擾的問題及市場變化中發掘出課題，思考解決對策，製作成書面文件後，進行提案」。 →參閱 P.64「按 3 個結構要素依序撰寫」。
原因 2 **「雖然有提案的點子，但不知如何統整」**	學習如何統整提案、企劃。可參考提案書及企劃書的範例格式或其他案例解說。 →參閱 P.98「提案書格式範例（Ａ～Ｆ）」。 →參閱 P.160「任何部門都有提案機會」。
原因 3 **「希望寫出更具說服力的提案書」**	學習結構、標題等用字遣詞，以及如何加入數據或案例、預測效益等。 →參閱 P.76「主題和標題要有吸引力」。 →參閱 P.78「明確揭示提案及企劃的效益」。

從「提案3要素」克服抗拒心理及對策

以下加入提案書和企劃書的結構要素，來思考抗拒心理及因應對策。

提案與企劃的製作可分為3個階段，並分別成為提案書與企劃書的結構要素。

- **階段1「現況分析」：迅速且有效地蒐集資訊，並從中發掘課題。**
- **階段2「基本方針」：從課題中確認目的、主旨，並提出提案或企劃的切入點。**
- **階段3「解決對策」：為了達成目的、企圖，擬訂適合且具體的提案、企劃內容。**

在現況分析階段，只要學會發掘課題的方法，就可以克服抗拒心理。

在基本方針階段，要學會掌握提案或企劃最為基礎的目的、主旨和對象。

在解決對策階段，藉著學習將方針具體化，並蒐集成功案例，去克服抗拒心理。另外，這個階段也會牽涉到解決對策所需要的預算及預估成效的「經費預算」、「預期效益」。

製作提案書或企劃書時，只要學習整合出符合邏輯且具有一致性的流程，以及運用具有說服力的用字遣詞，就能克服抗拒心理。

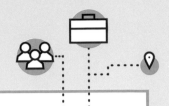

從「提案三要素」克服抗拒心理及 3 項對策

提案要素	對策
階段 1 「現況分析」 **「從現況分析中發掘課題」**	學習如何快速有效率地蒐集資訊。 →參閱 P.126「現況分析是提案及企劃的起點」。 →參閱 P.136「發掘課題」。
階段 2 「基本方針」 **「目的、主旨」及「對象」、「標題」、「切入點」**	學習如何掌握提案的目標，找出對象及解決對策的切入點。 →參閱 P.138「依據基本方針，訂定目的及主旨」。
階段 3 ①「解決對策」 **「解決的具體方法」** **「提案內容」** ②「經費預算、預期效益」 **提案所需的經費預算及預期效益**	學習基本專業能力、蒐集成功案例。 →參閱 P.144「提出解決對策作為結論」。 →參閱 P.148「擬定執行計畫」。 累積經驗，就能了解如何估算。小心不要計算錯誤或遺漏估價項目。 →參閱 P.150「列出預期效益」。

↓

「製成提案書及企劃書」

提案書、企劃書的整合工作

參考提案書及企劃書的格式範例或案例。學習整合出符合邏輯且具有一致性的流程，以及運用具有說服力的用字遣詞。

→參閱 P.98「提案書格式範例（A～F）」。

PART.2

提案及企劃被採用的關鍵

01 利用起承轉合，確立流程

設定提案流程，加強說服力

撰寫提案書或企劃書時，必須注意整體流程的一致性，簡明扼要的以「起、承、轉、合」整合內容，最重要的是要讓對方容易明白理解。

- **「起」是從問題點到發掘課題的部分。**
- **「承」是寫出在基本方針及提案架構下的目的、預設對象、主題、切入點等基本事項。**
- **「轉」是說明具體的解決對策、方法、內容、規模等。**
- **「合」是總結提案書的結論，指出執行提案時會產生的經費及預期效益。**

起、承、轉、合是讓3項結構要素「起（現況分析）」、「承（基本方針）」、「轉、合（具體解決對策、經費預算、預期效益）」達到一致性（寫企劃書時，則是內容再做延伸及擴展）。

節奏恰到好處的流程，可以讓對方更容易判斷內容，也能留下更深刻的印象。注意不要有多餘的內容，導致缺乏一貫性。

有效提案書的製作方式

●建立整體流程

如同編寫劇本般，以起、承、轉、合的方式寫出整體內容。
撰寫提案內容的主旨時，要以最後 15 秒內能夠說明完畢為原則。

起	承	轉、合
現況分析	基本方針	具體解決對策及經費預算、預期效益
●簡潔、主旨清楚 ●有效引進基本方針	●標題是否具有吸引力	●經費預算 ●預期效益 ●具體解決對策

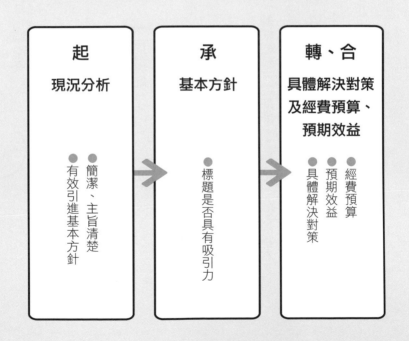

02 一頁提案書及企劃書，最簡潔有效

提案書及企劃書力求簡單易懂，一頁就夠了

能夠整合得越簡潔越好。而最簡潔的形式莫過於以一張紙來呈現的提案書、企劃書。其優點如下：

- **以一張紙統整重點，論述更明確。**
- **對方也會因為簡潔、易保存，而歡迎一頁提案書、企劃書。**

當然，若需要補充資料，可以另外附上說明資料。

以前的時代非常重視提案書及企劃書的分量，現在也仍有許多人相信分量厚重的提案書及企劃書比較好。

不過，近年來大家已經不再認為提案書及企劃書能夠以量取勝了，分量過多反而有讓對方敬而遠之的趨勢。對於分量厚重的提案書及企劃書，忙碌的主管或企業客戶多半只能大略瀏覽，無法充分閱讀，所以反而欠缺說服力。

在一頁當中呈現起承轉合

只用一張紙來呈現的提案書或企劃書，去蕪存菁，利用起、承、轉、合來歸納內容。第62和63頁就是一頁提案書、企劃書的範例，是把內容分為3個部分，「起」列在左側，「承」在正中央，「轉」、「合」列在右側。

- **「起」是把影響課題設定的內容加以重點整理。**
- **「承」是針對基本方針說明，而標題是重要關鍵。**
- **「轉」是以淺顯易懂的方式說明具體內容。**
- **「合」是簡單扼要的歸納預算及效益。**

「起」的部分，如果內容過少會欠缺說服力，但若毫無節制的寫了一大堆，又會顯得鬆散。「承」的部分，必須與基本方針及執行重點有相關性及一致性。

以目前的市場趨勢來說，由多家公司提案競標時，通常會限制每家公司要在30分鐘內做完簡報，包括回答提問在內，都必須在時間限制內完成。超過時間以致於被迫結束的話，就是失敗的簡報。因此，提案書、企劃書的解說時間分配，也是提案時的關鍵要素。

一頁提案書、企劃書，包括回答提問，通常只需15分鐘即可說明完畢。其中10分鐘做說明，5分鐘回答提問。以針對忙碌的主管或企業客戶所做的提案而言，可說是適當的時間。

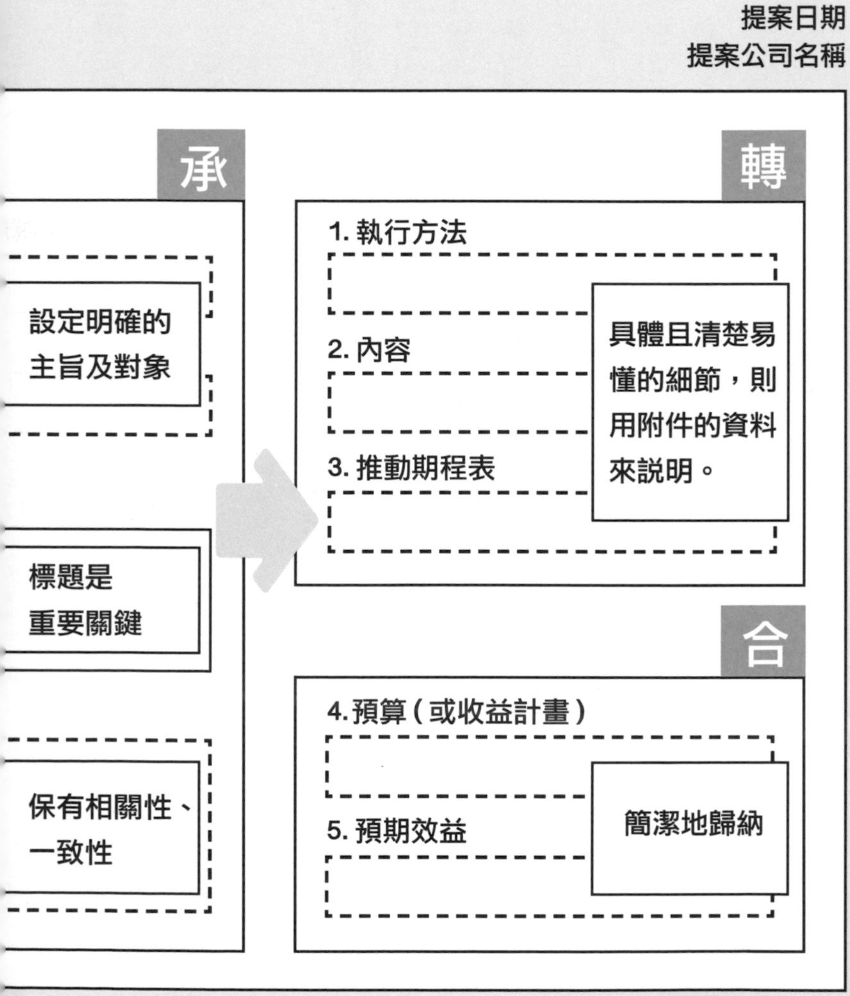
提案日期
提案公司名稱
承
轉
1. 執行方法
2. 內容
3. 推動期程表
具體且清楚易懂的細節，則用附件的資料來說明。
設定明確的主旨及對象
標題是重要關鍵
保有相關性、一致性
合
4. 預算（或收益計畫）
5. 預期效益
簡潔地歸納

一頁提案書、企劃書範例

致○○○

【1】現況分析　起

1. 社會環境
2. 市場動向
3. 消費者動向
4. 競爭狀況
5. 貴公司現況

將影響課題設定的內容加以重點整理。

- 內容過少缺乏說服力。
- 內容過多則結構鬆散。

6. 問題要點及課題

- 從問題要點發掘課題

【2】基本方針

1. 主旨（目標、課
2. 對象
3. 基本方針（概念、標題）
4. 執行重點

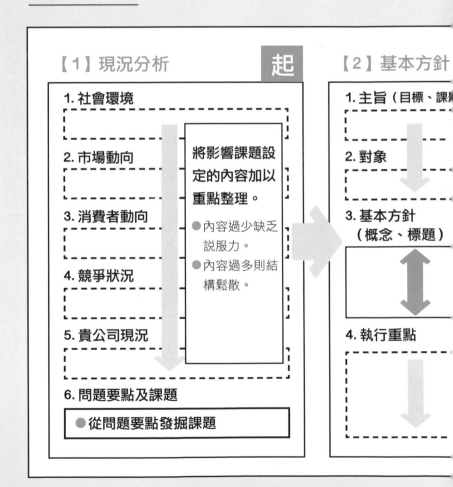

03 掌握提案及企劃的結構要素，寫起來更輕鬆

按3個結構要素依序撰寫

一般人總認為提案書或企劃書很難寫。不過，只要了解3項構成要素的內容，就能比較容易製作。

- **現況分析**
- **基本方針**
- **解決對策**

所謂「現況分析」，就是「從和提案相關的現況分析發掘課題」。

所謂「基本方針」，就是設定提案書及企劃書的「目的、對象、標題」。

另外，「解決對策」方面，除了解決課題的手段、方法，必要經費及期程表，也要提出執行後的預期效益等內容。

提案書及企劃書的製作順序

現況分析
- 簡潔、主旨清楚
- 有效引進基本方針

→

基本方針
- 標題是否具吸引力

→

解決對策
- 經費預算
- 預期效益
- 具體解決對策

→

製作提案書
- 彙整為提案書、企劃書

製作提案內容（現況分析～解決對策）

彙整提案內容（製作提案書）

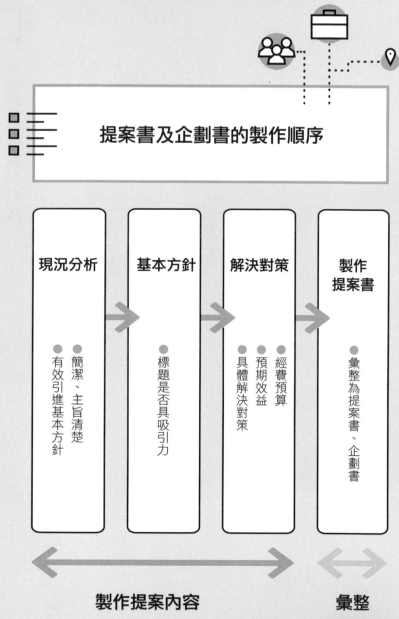

7步驟就能順利完成

撰寫提案書、企劃書時，要依照3要素的流程及下列7個步驟製作。

第一要素「發掘課題」

步驟1：「進行現況分析」

製作提案書、企劃書時的第一步是「現況分析」。

包括分析社會現狀將會產生什麼轉變的「社會環境」動向；與所企劃提案的商品或服務有關的「市場、消費者動向」；確實掌握競爭動向及提案對象問題點的「競爭狀況」分析、「提案對象狀況」等，繼而提出提案對象的問題點。

步驟2：「發掘課題」

從現況分析引導出的「問題點」中，找出重要且可能解決的問題點，發掘應解決的「課題」。

第二要素「建立基本方針」

步驟3：「確立主旨、目標、標題」

為了解決課題，需確立主旨、目標、概念、主題、標題等基本策略。

步驟4：「設定對象」

目標客群是誰?明確設定「目標市場」。

步驟5：「確立解決方法」

為了解決課題，針對決定的對象，決定採取什麼樣的解決手法?確立解決對策的重點。

● 第三要素「展開解決對策」

步驟6：「決定執行方法」

決定解決手段的具體內容、方法，並進一步擬定行事曆。

步驟7：「明確推估經費及預期效益」

最後，為了執行企劃案，還必須估算需要多少經費，同時也必須針對提案的效益成果進行推估。

把這7大步驟都周全地寫進去，才算是完整的企劃。而提案則是從這些內容當中，摘選重要的項目，列出重點作成提案。

04 會被採用的提案書及企劃書都有共同點

被採用的5個共同點

以下歸納出會被採用的5個共同點。

- **共同點1：「符合提案對象的期望」。**
- **共同點2：「站在提案對象的立場提案」。**
- **共同點3：「提案簡要且一目瞭然」。**
- **共同點4：「能產生共鳴又極具吸引力的主題和標題」。**
- **共同點5：「明確揭示提案效益」。**

第一、二點正說明了依據提案方的邏輯來思考，是最常見的失敗原因之一。第三點要強調的是盡量避免使用專業術語或過於艱澀的詞彙。第四點在於使用能夠涵蓋整體內容，並且引起對方強烈想要一窺究竟的標題。第五點的揭示效益最困難，不過若無法表明執行提案後將產生什麼樣的效益，當然不可能會被採用的，不是嗎？

提案會被採用的 5 個共同點

與提案對象的關係	1 符合提案對象的期望	2 站在提案對象的立場提案
提案內容	3 提案簡要且一目瞭然	4 能產生共鳴又極具吸引力的主題和標題
提案效益	5 明確揭示提案效益	

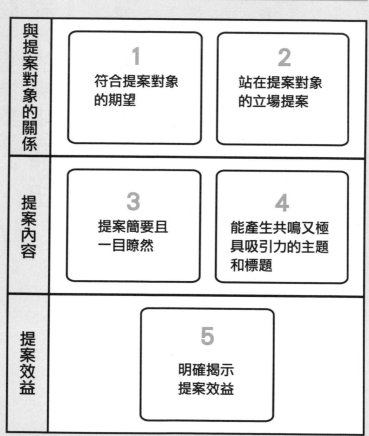

05 搞清楚「提案對象」，掌握對方的需求和期望

提出有效解決需求及課題之提案及企劃

要符合提案對象的期望，聽起來似乎很簡單，卻出乎意料地很容易被人忽略。實際上，很多人一想到出色的點子，常常就在不知不覺中過於投入，以致於沒有留意到在中途時方向已經偏離。

想避免偏離提案對象的期望或課題，可以參考以下兩個方法：

- **用斗大的字體寫下對方的期望並貼在桌上，以避免提案方向偏離。**
- **把提案書或企劃書交給第三人過目、確認，最後再加入「預期效益」。**

要注意的是，倘若加入太多要素，會變得太複雜，而搞不清楚什麼才是解決對策。切記千萬不要偏離提案或企劃的主軸。

最後卻也是至為重要的，是必須加入「預期效益」，以說明這項提案將如何解決對方的期望及課題。

提案會被採用的 5 個共同點之①

「符合提案對象的期望及課題」

重點

對方想要的是什麼？
提案時切莫偏離。

檢視方法

1. 用斗大的字體寫下來，並貼在桌上。
2. 把提案書或企劃書交給第三人過目。
3. 最後要確認內容，加入解決對方期望及課題的「預期效益」。

06 依提案對象的立場，進行提案或企劃

以自己的邏輯思考來提案，不會被採用

無論如何，提案和企劃都必須站在提案對象的立場來進行。可是一般最常犯的錯誤，就是沒有站在提案對象的立場去提案或企劃，以致於不被採用。

為了避免這樣的事情發生，必須做到以下幾點。

- **不要一廂情願地以提案者的立場或邏輯來展開，必須充分了解對方的狀況。**
- **提案或企劃的內容，必須能讓提案對象獲得充分的利益。**

誤以提案者的邏輯來進行提案，通常是對方企業和自己所處環境有較大差異時，很容易陷入的陷阱。另外，千萬不要在預備知識不足的情況下，去進行專門領域的提案。忽視現況分析、不清楚提案對象所在的產業現況，就根據自己所在的產業準則及規範去進行提案，最終導致失敗的案例比比皆是。

提案會被採用的 5 個共同點之②

「站在提案對象的立場進行提案」

重點

切勿站在提案者的立場。

檢視方法

1. 不要以自己的立場或邏輯來提案。
2. 要了解提案對象所在產業的準則及規範。
3. 連同提案對象的相關企業，都要依據上述第二點原則，了解其所在產業的準則及規範。

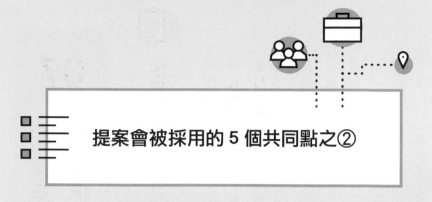

07

提案及企劃必須簡明扼要

使用平易淺顯的詞彙，力求清楚易懂

不用說，提案書及企劃書當然越簡明扼要越好，而為了達到這一點，就要做到以下兩點。

- **根據期望及課題，依循基本方針讓提案內容聚焦。**
- **以平易淺顯的詞彙撰寫，彙整出精簡的要點，避免結構過於複雜。**

有時候，當我們針對某個課題發想出許多不錯的點子時，總會忍不住想要全部寫進提案裡。但是，寫的東西若無法符合基本方針，整個提案就白費力氣了。所謂清楚易懂，指的不只是內容，也包括書寫方式在內。

用平易淺顯的詞彙來說明艱澀的內容，是十分重要的事。冗長的文章就是在主語及謂語間加入太多詞彙，造成文章艱澀難讀，要對方一路讀到結論會很辛苦，所以應該盡可能長話短說，好好地把想要傳達的內容彙整出要點。

提案會被採用的 5 個共同點之③

「提案及企劃必須簡明扼要」

重點

製作簡明扼要的提案內容。

檢視方法

1. 依循基本方針，讓提案內容聚焦。
2. 以平易近人的用詞書寫。避免專業術語、簡稱，也不要使用資訊科技的專業術語。
3. 彙整精簡的要點，避免冗長的文章。

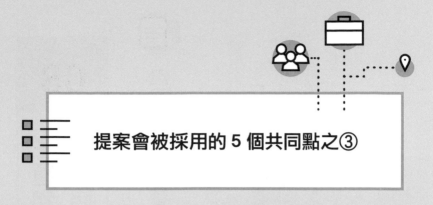

08 主題和標題要有吸引力

用字不一樣，效果大不同

提案或企劃能否被採用，有一個很大的關鍵是標題。即使是相同的內容，也有可能因為標題的不同，而產生完全不同的印象，因此務必要注意。決定標題時，必須留意：

- **訂出一個能夠感動對方、引發共鳴的標題。**
- **思考一個具有吸引力，能代表提案或企劃的標題。**

例如，「商店街聯誼（MACHI CON）[2]」，就是因為串聯「男女聯誼」及「振興商店街」的需求而成為熱潮。又如「B級美食」，則是隱藏在各地的便宜國民小吃，由於獲得美味佳評而造成話題。此外，針對因不景氣而勒緊錢包的民眾所設定，讓人能在無壓力的情況下，以「銅板價」輕鬆購得的餐點、商品或服務，也都大受歡迎。還有，原本已經很普及的商品，為了要讓消費者更換愛用廠牌的「換購折扣」，或是以烏龍麵為特產之一的香川縣，自稱為「烏龍麵縣」，都造成了話題。

提案會被採用的 5 個共同點之④

「具有能產生共鳴又極具吸引力的主題和標題」

重點

標題是一大關鍵。

檢視方法

1. 訂出一個能產生共鳴的標題。
2. 訂出一個極具吸引力的標題。
3. 訂出一個能夠感動人心的標題。

09 明確揭示提案及企劃的效益

提案及企劃必須加入預期效益

決定提案能否被採用的最後一個關鍵，就是有沒有提出執行提案後的成效。不論再怎麼出色的提案，如果看不出執行後能帶來什麼效益，決定提案能否採用的人也會感到不放心。

有關效益的部分，只要注意下列事項即可。

- **顯示營業額等經濟效益，包括心理上的效益或影響也要一併列入。**
- **若有同樣的案例，可列出參考數值；若沒有相同的案例，則列出相近的案例去推估、參考。**

話雖如此，可是實際上要預測效益卻極為困難。參考相同的案例是一種預測效益的方法。若是沒有同樣的案例，完全是創新提案時，可以拿相近的案例來參考。

另外，平時就要多留意關於預期效益的情報，接觸相關的人或訊息，以累積自己的資料庫。

提案會被採用的 5 個共同點之⑤

「明確揭示提案效益」

重點

以經濟效益、心理效益
來說明提案的預期效益。

檢視方法

1. 若有同樣的案例，可直接列出參考數值。
2. 若缺乏相同案例，則列出相近的案例去推估、參考。
3. 參考專家意見。
4. 若完全無案例，也可考慮試銷[3]（Test Marketing）。

3 試銷階段可分兩個步驟：分別為新產品市場試銷和新產品的商品化。其共同特點就是新產品被推向市場，直接與銷售者見面，實際檢驗其效果。

10 牢記提案書及企劃書的架構

決定格式的4個重點

製作提案書及企劃書時，必須先決定要使用的格式（參閱PART3）。格式方面，和以下的4個重點有關。

- **重點1：決定頁數。**
- **重點2：決定提案及企劃的撰寫項目。**
- **重點3：決定提案流程。**
- **重點4：決定撰寫形式。**

在頁數部分，若是能夠簡潔地彙整內容，不妨一頁就好；如果是要提交給企業客戶的詳細提案，可以再多幾頁。至於應寫項目，若是委託提案，就必須根據委託內容設定項目；若是主動提案，則需要「現況分析」、「基本方針」、「解決對策」等3項結構要素。另外，也要決定提案流程是邏輯型或結論型，撰寫形式是以文章為主或圖表為主。

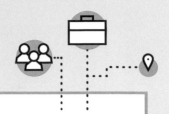

決定提案書及企劃書格式的 4 個重點

1. 提案的頁數

製成一頁或數頁。公司內部提案以一為主頁；企業客戶提案則可以考慮多幾頁。

2. 提案項目

配合提案的目的，決定要撰寫的提案項目。決定提案書或企劃書的目錄。

3. 提案流程

決定是要從提案的結論開始引述，抑或是從現況分析進行邏輯性的彙整。

4. 撰寫形式

決定是要製成容易撰寫的文章格式，抑或是要製成正式圖表。

↓

從 10 種格式挑選可參考的內容
（參考 PART3）

兩種結構的企劃書：文章型、圖表型

提案書及企劃書的寫法，可以大略分為「文章型」和「圖表型」兩種。文章型的特徵如下：

- **容易撰寫，隨時可用 Word 等軟體輕鬆寫成。**
- **準備好容易撰寫的範本，內容決定後，立刻可以製成書面文件。**

缺點是如果只有文章，說服力較弱，因此必須加上可以提升視覺效果的圖表。另外，文章若過於冗長，會不易閱讀，所以建議盡可能條列式寫出。要是文章的篇幅較多，還必須多花點心思下小標題。

相對的，圖表型的特徵如下：

- **由於使用圖表會比文章型更有說服力，因此經常被靈活運用於提案及企劃中。**
- **製作圖表比較費工夫，製作表格要注意順序。**

不過，以圖表為主的資料，補充的說明經常不夠充分，要注意說明不要太過簡略。每一頁的圖表都要加入標題，「一頁聚焦表現一個要素」更容易一目瞭然。

此外，搭配使用數位投影機，能使簡報效果更佳。不妨先從文章型起步，習慣之後再加入圖表，等熟練後，就能輕鬆製作出提案及企劃。

文章型和圖表型的特徵及差異

製作企劃書的兩種型式

	文章型 （主要使用 Word）	圖表型 （主要使用 PowerPoint）
①優點	●容易書寫。	●使用圖表較有說服力。
②缺點	●說服力較弱。	●需要費時費力製作圖表。
③重點	●避免長篇大論，加上小標題或條列式書寫。 ●善用視覺效果。	●表格順序要流暢。 ●好好彙整以求取平衡。
④提案方式	●使用書面的企劃書。	●可使用數位投影機提案。
⑤時代性	●傳統	●新穎且能和進化的網路有聯結。

11 思考提案及企劃的時間配置及構思方式

在時限內思考有效的時間配置

決定型式後，必須以結構要素為基礎，有效分配時間。如果在現況分析上耗費太多時間，其他項目的作業時間不足，就無法提出完整的提案及企劃。為了有效利用時間，要做到下列事項。

- **同步進行現況分析及基本方針的檢討。**
- **檢驗基本方針，擬定具體的解決對策。**

各項作業進行時，時間會產生重疊。到了製作提案書或企劃書的階段，要檢視邏輯是否具備一致性？有沒有多餘的內容？

規模較小的提案，要盡量壓縮時間盡早完成。

競爭性質的企劃提案製作時間通常約為一個月，因此不妨以為期一個月的提案時間，來思考時間的配置。

提案書及企劃書的時間配置大致標準

步驟	製作時間為期一個月的行事曆		
	前 10 天	中間 10 天	後 10 天
第一步驟「現況分析」	7 天內 執行時間	提出佐證資料	
第二步驟「基本方針」	3 天內 暫定方針	執行時間	
第三步驟「解決對策」	暫定點子	12 天內 執行時間	
製成「提案書、企劃書」			7 天內 準備 執行時間

「情報思維」、「提案思維」、「彙整思維」

想要有效率的製作提案書或企劃書，可以多加運用下列3種思維。

- **從現況分析到擬定基本方針，運用的是「情報思維」。**
- **提出解決對策以達成目的，運用的是「提案思維」。**
- **最後階段的提案書或企劃書製作，運用的是「彙整思維」。**

「情報思維」是從現況分析到設定基本方針時，盡早蒐集必要的情報並加以整理的思考方式。在思考經費預算和預期效益時，也需要運用同樣的思維，將利益形成最大公約數。

「提案思維」是擴大智慧及創意，想出能夠達成目的之解決對策的思考方式。是兼具知性及獨創性的思考方式。也可以說正是展現創意的部分。

「彙整思維」是要用來刪除多餘的情報，彙整成簡要的內容。在製作提案書或企劃書的後半段，還必須檢視從現況分析到經費預算、預期效益是否都具有邏輯一致性。

這3種截然不同的思維模式，並非要一口氣使用到底，而是要依照不同階段，運用不同思維交替進行，方能更有效率地完成提案書或企劃書。

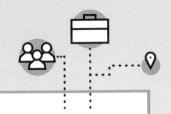

製作提案書及企劃書的 3 種思維

情報思維	提案思維	彙整思維
現況分析 基本方針 經費預算、 預期效益	解決對策	製作 「提案書、 企劃書」
「最大公約數」	「擴大智慧 及創意」	「一致性」
盡早蒐集必要的情報，進行準確的分析，找出相似處。	兼具知性及獨創性的思考方式。發揮想像力，擴充點子。	盡多餘的情報一定要割捨，彙整成簡要、有邏輯一致性的內容。

12 在激變時代裡，提案速度將是決定勝負的關鍵

一旦錯過時機，就會喪失工作機會

前面曾說明在一個月期限內，要製作出提案書或企劃書的時間規劃。不過，在變化如此快速的時代，實在有必要盡可能提早完成提案書及企劃書，因為時間就是金錢。

接下來，就以「3天完成提案書」、「5天完成企劃書」為命題，提供各位在最短的時間內製作提案書或企劃書的方法。

好不容易製作完成的提案書及企劃書，若是錯過了時機，很可能就被其他對手公司搶得先機了。因此，製作提案書及企劃書必須講求速度。尤其是有關於稅制改革等法條修訂、舉行活動或開辦新創事業、意外災害對策，和新資訊及科技革新等有急迫性需求而衍生出的提案，速度是決定勝負的關鍵。

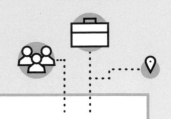

必須緊急處理的提案事項

1. 政策變更及法令修訂

提高消費稅
啤酒稅修訂
繼承稅修訂
年金修訂
75 歲以上高齡人士醫療費用負擔提高等

2. 舉行活動、新創事業

舉辦奧運
中央新幹線
新線開發
地區再開發
設立新車站
登錄聯合國教科文組織等

3. 意外災害對策

氣候異常
地震、海嘯
火山爆發
意外災害
傳染病對策等

4. 新資訊及科技革新

日圓下跌、股市上揚
科技、醫療的進步
機器人技術的進步
單身人口遽增等

13 依照期程迅速寫出的訣竅

3天完成提案的方法

這一節要介紹的是分別在3天和5天的短暫期限內，完成提案書、企劃書的訣竅。

其實，短暫期限內完成和花一個月時間製作，兩者的思考方向及寫法都是相同的。我將依照各個期程必須進行的重點，逐一說明。閱讀下文時，請一面在腦海中想像實際製作流程。由於提案書只需要寫出結構三要素的必要部分，所以能夠迅速完成。

● **Day 1：「發現提案課題，多想些點子」**。

訣竅是從蒐集的情報中發現「課題」，思考自家公司能提供什麼樣的知識技術來解決，盡可能多想一些點子，從中找出提案的可能性。

● **Day 2：「針對課題，聚焦在被採用可能性較高的解決對策上，製作提案流程」**。

從獲得的情報中，思考企劃主題、對象、解決對策的流程。在這個階段要彙整提案的草稿。

● **Day 3：「製作提案書」。**

到了決定企劃流程的階段，以及準備進行提案書製作。因為關鍵在於有效率地彙整，所以整個提案書即使只有文字也沒關係。由於是提案書，所以這個階段只做方向性的建議。

迅速完成企劃書

前兩日的作業和製作提案書時的工作內容相同，接著要運用剩餘的3天彙整成企劃書。

● **Day 3：「擬定具體執行計畫」。**

第三天要製作具體的執行計畫。如果是限時3天內完成的提案書，只需用文字說明即可。至於企劃書，就要講究內容確實聚焦，而且要言之有物。

● **Day 4：「擬定經費預算和預期效益」。**

第四天要列出經費預算及預期效益。整理出執行提案時所需的經費，以及執行後可能產生的成效。

● **Day 5：「完成企劃書」。**

第五天要整理成企劃書的格式。使用標準格式，就能盡快完成。

14 有效提高說服力的撰寫方式

迅速完成企劃書的訣竅，就是避免「不假思索地先寫再說」

開始撰寫企劃書時的禁忌，就是沒頭沒腦地先寫再說。另一個禁忌則是加入太多資料，寫出拖泥帶水的冗長文章。

若是為了盡快完成企劃書，就不假思索地先寫再說，反而會花掉更多的時間。如果不先整理出一連串的製作流程及要點，等寫好後才來重新調整，勢必會花費更多的功夫。整理蒐集到的情報後，要先確立提案原因和內容、文章架構、結構要素等企劃的骨幹，再來開始寫，才能順利書寫，不致於做白工。

另外，當企劃書裡無用資料過多時，會讓提案對象感到混亂，以致缺乏說服力。把重點凝聚為2～4個左右，盡量避免長篇大論，善用關鍵字或小標題，以直截了當的詞彙進行簡要陳述。

當然，內容完成後，再度檢查也很重要。

有效撰寫的基本要點及訣竅

避免不假思索地先寫再說

1. 最重要的部分，確立「提案原因」及「內容」、「提案動機」，以及整理文章架構、結構等。
2. 倘若不假思索地先寫再說，事後需要修正的內容會很多，將使作業更加繁瑣。同時也會使文章缺乏一致性、前後不連貫。
3. 撰寫之前，必須先蒐集必備資料及數據，並確實記錄、摘要。

不要寫和主題無關的多餘內容

1. 避免長篇大論。以直截了當的詞彙簡短地陳述。內容過多會造成閱讀者混亂。
2. 把重點凝聚為 2 ～ 4 個左右。如「2 項注意點」、「3 方面的解決對策」、「4 項提案內容」等。
3. 內容完成後，必須再次檢查。

15 善用彙整企劃書的技巧，加強説服力

以D、J、K，提高説服力

有時候，好不容易想出獨特的創意終於引起了對方的關注，卻因為沒有佐證的資料而欠缺説服力，以致於無法被採用。其實，若想提高説服力，不妨善加利用DJK。D指數據（DETA），J指案例（JIREI），K指關鍵字（KEYWORD）。

● D：數據

如果能有調查數據佐證的話，將會大幅增加説服力。尤其是公家機構的數據，既正確又受人信賴。若是引用民間企業的公開調查結果也無妨，另外，採用自家公司的調查數據也有效。

● J：案例

有關提案內容的實際案例，若是有能夠説明執行成效的案例，將會更具説服力。

● K：關鍵字

以簡潔且令人印象深刻的詞彙作為關鍵字，能留下深具説服力的印象。

下功夫彙整成具說服力的企劃書

●運用ＤＪＫ提高說服力

D：數據

調查到的佐證資料、公家機構的數據、問卷調查等。

J：案例

實際案例、成功案例、失敗案例等。

K：關鍵字

以簡潔且令人印象深刻的詞彙來表現，如：安倍經濟學、無緣社會[4]、團塊世代[5]、銀髮族產業數位行銷、Around 40 世代[6]、隔代教養等。

4 指的是：沒朋友的「無社緣」、與家庭關係疏離甚至崩壞（無血緣）、與家鄉關係隔離斷絕（無地緣）。

5 指一九四七年至一九四九年間日本戰後嬰兒潮出生的人。

6 泛指三十五歲至四十四歲的女性。

PART.3

立刻實踐！提案書及企劃書的10個固定格式

01 提案書格式範例（A～F）

提案書格式範例　【A型：入門】簡易提案結論型

這是從提案的「結論」開始寫起，一頁或一表型的提案書格式。主要用於公司內部主管要求提案時，是製作「委託提案」的最簡易範例。

- **首先從提案的標題開始著手，接著思考提案的原因及提案主旨，彙整後寫下來。**
- **先提出結論，然後寫出「為什麼進行這個提案」的原因、形成提案的緣由和目的。**

將提案的重點以條例式寫下，然後按項目說明具體的方法。若有補充的說明資料，則列出資料標題。

本提案書格式並未列入時程表、經費預算、預期效益等項目，這是基於主管並未託付這個部分作為前提。若是主管有其他託付事項，則加上該項目，而這種情況就可以使用提案書的C型格式。即使沒有受到託付，也可以額外加上時程表、經費預算、預期效益等項目，便能製作出更好的提案。

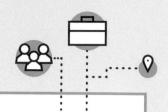

A型：入門「簡易提案結論型」

提案對象的部門、職務、姓名　（如果對象是企業，則是公司名稱）

提案日期

提案名稱

提案者的部門　姓名

（對象是企業時則寫出公司名稱）

1. 提案標題	提案標題（以具有吸引力的詞彙來呈現）。
2. 提案原因 （思考、提案動機、目的）	提案的原因、形成提案的緣由、目的。
3. 對象	執行提案的對象（盡可能具體）。
4. 提案重點	提案的主要重點，應以條列式說明。
5. 方法	按項目說明提案內容。
6. 補充資料	若有補充說明資料，則列出資料的標題。

提案書格式範例

【B型：入門】簡易提案邏輯型

從現況分析開始寫起，以「邏輯性」論述展開，一頁或一表型的提案書格式。和提案書格式A一樣，都是用於公司內部，是用來製作「主動提案」的最簡易範例。

- **針對緊急課題的解決對策，向主管主動提案。**
- **先進行現況分析，然後陳述探索到的問題點。**
- **確立從問題點導出的課題，接受該課題，設定目的、主旨。**

主動提案時，一開始就先提出「為什麼需要這個提案」，會更有說服力，因此現況分析極為重要，要是現況分析不夠明確，可能會弄錯而使得提案偏離主軸，就失去了提案意義。

目的、主旨要切合基本方針。

提案標題是用來涵蓋整體內容，用精簡、有吸引力的詞彙來表現吧！

提案重點必須是針對目的、主旨而提出適當的解決對策。盡可能寫成條列式，依據提案項目，用清楚易懂的方式逐項說明重點。

另外，本提案書格式屬於緊急提案，所以並未列入時程表、經費預算、預期效益。可以視需要而加入內容（參考D型）。

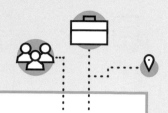

B 型：入門「簡易提案邏輯型」

提案對象的部門、職務、姓名　（如果對象是企業，則是公司名稱）

提案日期

提案名稱

提案者的部門　姓名
（對象是企業時則寫出公司名稱）

1. 現況分析與課題	從形成提案的現況分析到導引出的課題。
2. 目的、主旨	解決課題的目的、主旨。
3. 提案標題	提案標題（以具有吸引力的詞彙表現）。
4. 提案重點	提案的想法及提案重點。
5. 對象	執行提案的對象（盡可能具體）。
6. 方法	提案的內容，應以條列式說明重點。
7. 補充資料	若有補充說明資料，則列出資料的標題。

提案書格式範例 【C型：初級】綜合提案結論型

提案書格式A型加上時程表、經費預算、預期效益等，以一頁或一表型，先闡述「結論」的綜合提案結論型格式。

- **所列項目依緊急程度或重要程度篩選。**
- **若能列出所有的項目是最理想的情況。**
- **若納入全部項目而書寫空間不夠時，彙整成攤開的左右兩頁。**

如果提案項目要素全部備齊的話，就可以作為企劃書使用。

提案書格式範例 【D型：初級】綜合提案邏輯型

提案書格式B型加上時程表、經費預算、預期效益等，以一頁或一表型，邏輯性論述的提案書格式。

提案書格式範例 【E型：中級】綜合商品提案結論型

商品提案時最簡易的一頁或一表型，先闡述結論的提案書格式。

可運用於委託提案及主動提案，需要包括以下的項目。

- **商品概念（如何掌握商品概念、商品特徵、商品設計、通路、價格、廣告、促銷、銷售目標、收益估算等。）**

商品企劃的提案項目繁多，提案書A～D的格式並不足以因應。如果不是從結論開始，而是從現況分析切入，就可以變成邏輯性論述的提案書格式。

若納入全部項目，卻發現書寫空間不夠時，可以彙整成攤開的左右兩頁。提案項目要素如果全部備齊的話，就可以作為企劃書使用。

提案書格式範例

【F型：中級】綜合事業提案結論型

事業提案時最簡易的一頁或一表型，先闡述結論的提案書格式。可運用於委託提案及主動提案，需要包括以下的項目。

- **事業概念（事業的基本思考）、事業內容、銷售方法、銷售目標、收益估算等。**

事業企劃的提案項目繁多，以提案書A～D的格式無法因應。如果不是從結論開始，而是從現況分析切入，也可以改用邏輯性論述的提案書格式。

若納入全部項目，卻發現書寫空間不夠時，可以彙整成攤開的左右兩頁。

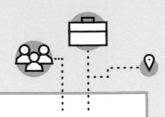

C型：初級「綜合提案結論型」

提案對象的部門、職務、姓名　（如果對象是企業，則是公司名稱）

提案日期

提案名稱

提案者的部門　姓名
（對象是企業時則寫出公司名稱）

1. 提案標題	提案標題（以具有吸引力的詞彙呈現）。
2. 提案原因（思考、提案動機、目的）	提案的原因、形成提案的緣由、目的。
3. 對象	執行提案的對象（盡可能具體）。
4. 方法	提案內容以條列式按照項目別說明重點。
5. 時程表	從準備階段到執行為止的大致期程（委託內容若不包含此項，就不需要寫。）
6. 經費預算	預估經費（委託內容若不包含此項，就不需要寫。）
7. 預期效益	引進這個方法後的效果效益預測（包括經濟效果效益及心理效果效益。委託內容若不包括這項就不需要）。
8. 補充資料	若有補充說明資料，則列出資料的標題。

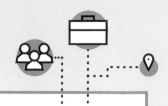

D 型：初級「綜合提案邏輯型」

提案對象的部門、職務、姓名　（如果對象是企業，則是公司名稱）

提案日期

提案名稱

提案者的部門　姓名

（對象是企業時則寫出公司名稱）

1. 現況分析與課題	從形成提案的現況分析到導引出的課題。
2. 目的、主旨	解決課題的目的、主旨。
3. 提案標題	提案標題（以具有吸引力的詞彙表現）。
4. 提案重點	提案的想法及提案重點。
5. 對象	執行提案的對象（盡可能具體）。
6. 方法	提案內容用條列式按項目分別說明重點。
7. 時程表	準備階段到執行為止的大致期程。 （委託內容若不包含此項，就不需要寫）
8. 經費預算	預估經費 （委託內容若不包含此項，就不需要寫。）
9. 預期效益	引進這個方法後的效益預測（包括經濟效益及心理效益。（委託內容若不包含此項，就不需要寫）。
7. 補充資料	若有補充說明資料，則列出資料的標題。

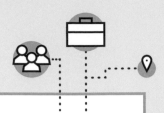

E 型：中級「綜合商品提案結論型」

提案對象的部門、職務、姓名　（如果對象是企業，則是公司名稱）

提案日期

提案名稱

提案者的部門　姓名

（對象是企業時則寫出公司名稱）

1. 提案標題	提案標題（以具有吸引力的詞彙呈現）。	
2. 提案原因 （思考、提案動機、目的）	提案的原因、形成提案的緣由、目的。	
3. 商品命名	適合商品的命名（記得確認商標登錄等事項）	
4. 商品概念	説明商品開發的基本想法。	
5. 對象	預設銷售對象（盡可能具體）。	
6. 商品內容及設計	商品特徵、內容	商品設計
	具體説明商品特徵。	能夠了解商品特徵的設計、草圖等（詳細內容以補充資料説明）。
7. 通路	使用什麼樣的通路？揭示預計使用的通路。	
8. 價格	設定銷售價格及價格體系。	
9. 廣告、促銷	寫下廣告、促銷手法的重點。	
10. 銷售目標	寫下預設銷售目標。	
11. 時程表	準備階段到執行為止的大致期程。	
12. 收益估算	針對預設銷售目標，估算收益。	
13. 補充資料	若有補充説明資料，則列出資料的標題。	

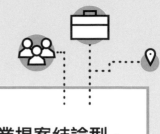

F型：中級「綜合事業提案結論型」

提案對象的部門、職務、姓名　（如果對象是企業，則是公司名稱）

提案日期

提案名稱

提案者的部門　姓名

（對象是企業時則寫出公司名稱）

<table>
<tr><td>1. 提案標題</td><td colspan="2">提案標題（以具有吸引力的詞彙呈現）。</td></tr>
<tr><td>2. 提案原因
（思考、提案動機、目的）</td><td colspan="2">提案的原因、形成提案的緣由、目的。</td></tr>
<tr><td>3. 事業命名</td><td colspan="2">適合事業的命名（記得確認商標登錄等事項）</td></tr>
<tr><td>4. 事業概念</td><td colspan="2">說明事業的基本想法。</td></tr>
<tr><td>5. 對象</td><td colspan="2">預設銷售對象（盡可能具體）。</td></tr>
<tr><td rowspan="2">6. 事業內容
及設計</td><td>事業特徵</td><td>事業內容</td></tr>
<tr><td>具體說明事業特徵。</td><td>事業的具體內容、重點（詳細內容以補充資料說明）。</td></tr>
<tr><td>7. 銷售方法</td><td colspan="2">提示使用什麼樣的銷售方法。</td></tr>
<tr><td>8. 價格</td><td colspan="2">設定銷售價格及價格體系。</td></tr>
<tr><td>9. 廣告、促銷</td><td colspan="2">寫下廣告、促銷手法的重點。</td></tr>
<tr><td>10. 銷售目標</td><td colspan="2">寫下預設銷售目標。</td></tr>
<tr><td>11. 時程表</td><td colspan="2">準備階段到執行為止的大致期程。</td></tr>
<tr><td>12. 收益估算</td><td colspan="2">針對預設銷售目標，估算收益。</td></tr>
<tr><td>13. 補充資料</td><td colspan="2">若有補充說明資料，則列出資料的標題。</td></tr>
</table>

02 提案書、企劃書格式範例（G～J）

提案書・企劃書格式範例

【G型：初級】簡潔文章提案邏輯型

以兩頁的文章型構成的邏輯性提案書或企劃書格式。這是一種即便是新手也能輕易製作的提案書或企劃書格式，而且不論是主動提案或委託提案都適用。

- **從現況分析及課題設定切入。**
- **流程為基本方針、執行方法、執行時程表、經費預算和預期效益。**

從現況分析及課題設定切入，到提案基本想法的內容為止，共彙整成一頁。第二頁的結構則包括執行方法、執行時程表、預估經費預算和預期效益。

另外，只要變更項目順序，就可以將此格式範例變成結論型。關鍵在於要盡可能符合邏輯而且簡潔地彙整，以條列式說明，避免文章拖泥帶水。

此格式範例雖然是以文章結構型為主，但若能加入圖表將會更具有說服力。

【H型：中級】綜合文章提案邏輯型

主要用於對企業客戶的主動提案，以數頁的文章型構成的邏輯性提案書或企劃書格式。製作很簡單。只要變更項目順序，就可以變成結論型。

- **在提案書格式G加上封面及前言。**
- **前言不要只寫公式化的開場白，要簡單說明提案重點及主旨。**

結構要素是以提案書格式G（流程為現況分析及課題設定、基本方針、執行方法、執行時程表、預估經費預算和預期效益），加上封面及前言，製作成對企業客戶不會失禮的樣式。

加上封面及前言，就能讓提案書、企劃書顯得「有分量」、「慎重其事」。前言不要只寫公式化的開場白，應簡單說明提案重點及主旨。基於什麼目的而提案的重點，以條列式陳述技巧地表現出來。

前言若只寫得出公式化的開場白，不妨直接捨棄。

因為和提案書格式G同樣以文章構成，適當地加入圖表，能提高說服力及信賴感。

3. 執行方法

具體的執行方法（用什麼樣的方式執行？）

4. 執行時程表

準備階段到執行為止的大致期程。

5. 經費預算

預估經費預算。如果是事業提案或商品提案等會伴隨收益產生時，則要列出收益計畫。

6. 預期效益

執行後的效益預測（包括經濟效益及心理效益）。

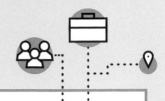

G型：初級「簡潔文章提案邏輯型」

提案對象的部門、職務、姓名　（如果對象是企業，則是公司名稱）

提案日期

提案名稱

提案者的部門　姓名

（對象是企業時則寫出公司名稱）

1. 現況分析及課題設定

社會動向等和提案相關的事項。

業界的課題（問題點）

其他公司的動向（競爭趨勢）

課題設定（從現況及問題設定應解決的課題）

2. 基本方針

- 提案標題（具吸引力的詞彙）
- 提案原因（思考、提案動機、目的等）
- 對象（預設銷售對象盡可能具體）
- 主要提案重點（解決方法以條列式彙整）

針對〇〇的提案計畫

開場白（前言）

基於哪些目的而提案的重點
（例）

- 成本控管
- 提升品質
- 新系統　等

（視情況而定，有時會省略）

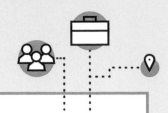

H型：中級「綜合文章提案邏輯型」①

提案對象的部門、職務、姓名　（如果對象是企業，則是公司名稱）

針對〇〇的提案計畫

（提案標題）

提案月日

公司名稱

（公司內部提案，則是負責部門、姓名）

3. 執行方法

具體的執行方法（以什麼樣的方式執行呢？）

內容較多時製作成數頁

4. 執行時程表（準備階段到執行為止的大致期程）

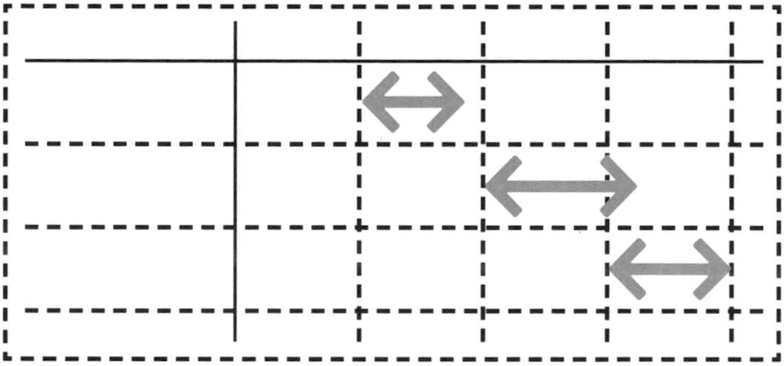

5. 經費預算

列出項目的方式必須前後有一致性（預算項目必須一致。如果是事業提案或商品提案等伴隨收益時，則要列出收益計畫。）

6. 預期效益

執行後的效益預測，包括經濟效益及心理效益。

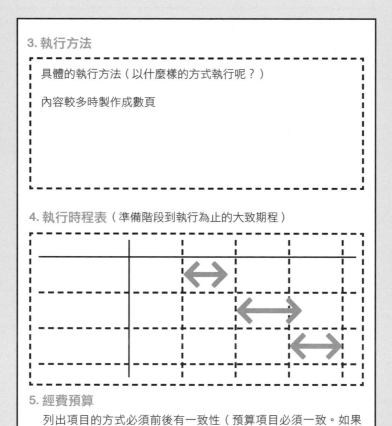

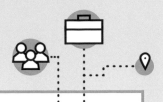

H型：中級「綜合文章提案邏輯型」②

1. 現況分析及課題設定

社會動向等和提案有關的事項。

業界的課題（問題點）

其他公司的動向（競爭趨勢）

課題設定（從現況及問題設定應解決的課題）

2. 基本方針

- 提案標題（具吸引力的詞彙）
- 提案原因（思考、提案動機、目的等）
- 對象（預設銷售對象盡可能具體）
- 主要提案重點（解決方法以條列式彙整）

提案書・企劃書格式範例
【Ｉ型：進階級】簡潔綜合提案邏輯型

主要用於公司內部，是最簡潔的一頁或一表型的提案書格式。雖然只有一頁，但由於內容充實，只要提案方和企業客戶之間能溝通順暢，也可以作為提交給企業客戶的提案來使用。

- **所寫的內容較為豐富，必須掌握要領，好好地彙整。以A４紙橫向使用。**
- **一頁分成三等分書寫。**
- **現況分析、基本方針、解決對策的論述要一目瞭然。**

針對企業客戶的提案，若是覺得連封面都沒有，只交出一張紙太失禮時，可以把提案內容分成數頁。

以Ａ４的大小橫向使用，能夠呈現豐富的訊息，並且具邏輯性地彙整提案內容。而分成三等分論述，形式簡潔又好看。

以這個流程能夠明確表現提案的起承轉合，具有邏輯性論述的優點。

在現況分析部分，訣竅是把蒐集到的情報聚焦為和提案有關的內容，巧妙地進行彙整。利用一頁完整呈現現況分析、基本方針、解決對策，前後是否連貫，自然就能夠一目瞭然。

提案書・企劃書格式範例

【J型：進階級】綜合提案邏輯型

主要是用於向企業客戶進行簡報使用，使用PowerPoint等文書軟體製成的圖表型提案書或企劃書格式。主要多用於企劃書。

結構要素從現況分析到基本策略、提案重點、具體論述內容、時程表、經費預算、預期效益等。

若是以PowerPoint等文書軟體製作，能使設計變化更豐富，提高說服力。

- **盡可能避免只用文字描述，要有效的結合圖表來呈現。**
- **一頁說明一個項目以提高說服力。**
- **善用一致性的設計能夠更加深印象。**

必須有技巧地將每個項目以一頁彙整。如果能製作出有系統的企劃書，更容易展現內容，提案對象也更容易一目瞭然。即使不夠寫也極力避免增加頁數，盡可能將想傳達的訊息，簡潔扼要地說明。

版面設計的功力也扮演了重要的角色。適度的留白、文字配置、字體大小及配色等都很重要。想要強調的小標及重點，可以標上彩色來凸顯。

不過，要注意倘若使用過多的色彩，反而會顯得很沒品味，也會削弱易讀性。

提案日期
提案對象的部門、姓名（如果對象是企業，則是公司名稱）

○○○○○

的執行？確立主旨及目標。

象？

也要考慮生活型態。

（概念、切入點、標題）

內容。
切入點。

分。
彙。

案內容。

【 3 】具體的論述

1. 執行方法

●具體的方法。細節內容寫在其他紙上作為補充資料。

2. 內容（呈現方式或設計等）

●廣告呈現方案、設計的想法、方向性。

3. 執行時程表

●準備階段到執行為止的大致期程。

【 4 】經費預算和預期效益

1. 預估經費（或收益計畫）

●估算經費。如果是商品提案或事業提案等伴隨收益時則要列出收益計畫。

2. 預期效益

●執行後的效益預測。包括經濟效益及心理效益。

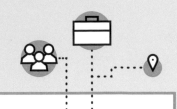

〔Ｉ型：進階級〕簡潔綜合提案邏輯型

提案對象的部門、職務、姓名　（如果對象是企業，則是公司名稱）

提案名稱

【1】現況分析

1. 社會環境

●當前社會趨勢，應挑選和本項企劃的提案尤為相關的內容。有時可視情況省略。

2. 市場動向

●業界的大趨勢。
●商品趨勢、企業動向、通路動向。

3. 消費者動向

●當前社會趨勢，應挑選和本項企劃的提案尤為相關的內容。有時可視情況省略。

4. 競爭狀況

●競爭企業的商品優勢、特色、缺點、暢銷商品、廣告、促銷、通路策略等。

5. 貴公司現況（若是公司內部提案，則為「本公司現況」）

●提案對象的現況、問題點、特徵、缺點等。

6. 問題要點及課題

●從上述問題點的要項發掘課題。

【2】基本方針

1. 目的、主旨

●基於什麼樣的目

2. 對象

●鎖定什麼樣的對
盡可能具體。
與商品的關連。
不僅是屬性分類，

3. 基本方針

●形成提案基礎的
從概念決定提案的
決定標題。
企劃中最重要的部
選擇具獨創性的詞

4. 提案重點

●以條列式說明提

○○提案

【 2 】基本方針

1. 目的、主旨

為了解決養老生活的憂慮……

2. 對象

希望保有退休後資產者……

3. 基本方針（概念、切入點、標題）

生活支援者……

○○提案

4. 提案重點

服務內容①	資產協力……
服務內容②	生活協力……
服務內容③	健康協力……
服務內容④	休閒協力……

J 型：進階級「綜合提案邏輯型」①

提案對象的公司名稱　（如果是公司內部提案，則是部門、職務、姓名）

提案名稱（暫定標題）

銀髮族事業
促銷企劃案

提案日期
〇〇年〇月

公司名稱
（若是公司內部提案，則是提案者的部門、姓名）

〇〇提案

【 1 】現況分析

1. 社會環境
65 歲以上的人口……
2. 市場動向
欠缺支援高齡者的結構……
3. 消費者動向
富裕的高齡者為數眾多……

4. 競爭狀況
支援的服務極少……
5. 貴公司現況

問題點及課題

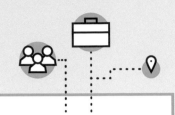

○○提案

2. 內容（呈現及設計等）

（資產協力） ・・・	（生活協力） ・・・
（健康協力） ・・・	（休閒協力） ・・・

○○提案

【 4 】執行時程表

活動 ・・・・・　　招募會員 ・・・・・

【 5 】經費預算（或收益計畫）

廣告活動費用……　　郵寄廣告費用……

【 6 】預期效益

第一年度的目標會員數……

J 型：進階級「綜合提案邏輯型」②

○○提案

【 3 】具體執行內容

1. 執行方法

①活動

月費 10 萬日圓 課程……	→	月費 20 萬日圓 課程……	→	月費 30 萬日圓 課程……

○○提案

②會員招募計畫

根據介紹制度方案……
根據推廣入會方案……

→

訪問大企業……
活動開始

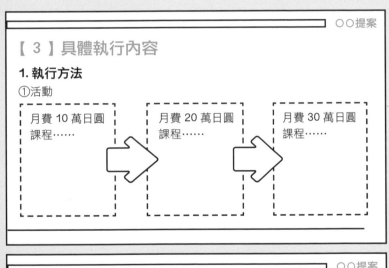

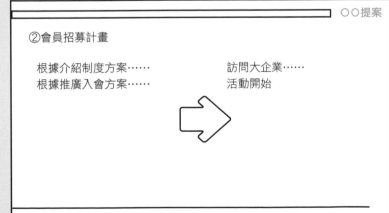

PART.4

提案及企劃
以 3 個結構要素彙整

01 「現況分析」是提案及企劃的起點

成為提案或企劃依據的大前提

提案書及企劃書內容的大前提是「現況分析」。

所謂的現況分析，是提案的你針對所觀察到的現況，分析其中有什麼特徵及問題，並且從中發掘課題的作業。現況分析是提案及企劃的起點。必須做到：

- **向提案對象表示，你的提案及企劃不是只靠靈光一閃，而是根據現況分析所提出的建議。**
- **從現況深入挖掘問題點，並且加以分析，找出和挖掘課題有關的資訊。**

這裡的現況分析，必須和提案書及企劃書中的「現況分析」項目一致。

現況分析是從社會環境、市場動向、消費者動向、競爭狀況及提案對象現況等5個項目，蒐集和提案有關的資料，再以這些資料為基礎，發掘提案對象的問題點及課題。繼而從蒐集到的資料中找出提案必要的內容，再寫進提案書及企劃書中。

能夠迅速蒐集資料，並且盡早從問題點中發掘到課題，就是讓實力更上一層樓的捷徑。

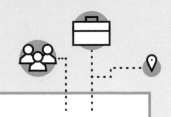

從現況分析發現問題點

1. 社會環境

● 當前社會趨勢
尤其應挑選出和本項企劃的提案有關的內容。
有時可因應狀況省略。

2. 市場動向

● 業界的大趨勢。
商品趨勢、企業動向、通路動向等。

3. 消費者動向

● 對於商品的動向
使用率、購買目的、使用狀況、品牌別評價等。

4. 競爭狀況

● 競爭企業的商品優勢
特色、缺點、暢銷商品、廣告、促銷、通路策略等。

5. 提案對象現況

● 提案對象的現況、問題點、特徵、缺點等。

↓

從問題點中發掘課題

資訊蒐集包括「書面調查」及「實地研究」

只要掌握了訣竅，就能有效率地蒐集資訊。至於某種資訊該去哪裡找，屬於個人的基礎知識。

蒐集資訊時，非常關鍵的一點是要盡早取得已經公開的資料。

- **公開的資料＝報紙、雜誌、白皮書、出版品、調查報告、網路等公開的資訊。**
- **需要調查的資料＝對外保密的企業內部資訊、店頭情報、銷售情報、顧客滿意度、專家等人的意見等。**

這類在案桌上進行的已公開資訊蒐集行動，被稱為「桌面研究」。

從比較節省經費的桌面研究開始，是資訊蒐集的第一步。有些企業的內部可能原本就留存了大量的資訊，但也有的企業幾乎沒有任何資料。

當桌面研究的資料不足時，就必須進行「實地研究」，利用網路調查、定性調查[7]、問卷調查等方法去蒐集資料。

首要關鍵還是在於如何掌握要領，蒐集想要資訊的全貌。

7（Qualitative research），以特定主題取得有關資料的調查方法。

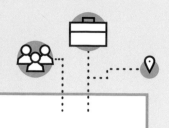

蒐集資料的 2 種方法

方法	特徵
桌面研究	坐在桌前查詢就可得到的資料 **書籍、調查報告、報紙、雜誌、電視、網路等管道的資料。** ●蒐集順利的話，只花低成本就能蒐集到所需的資料。
實地研究	實際進行調查後取得資料。 花費較多的時間與經費。 **網路研究、定性調查、訪談調查** ●依據各種調查方法的特色，進行有效的調查。

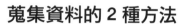

發掘課題需要什麼樣的資訊？

想一想發掘課題需要哪些資訊，接著檢討要透過哪些管道取得這些資訊。主要的資訊蒐集管道有：

- **善用網路取得資訊。**
- **業界、團體、業界媒體。**
- **訪談調查、資料研究、報刊雜誌等媒體的資訊。**
- **從負責人處取得。**

由公家機關等發行的白皮書，通常都能確切整理出各產業界、業態的基本資訊。而近年來也有民間企業開始發行白皮書，彙整出基本資訊，也能提供參考。這些白皮書有些透過網路就可取得。

各產業的市場份額（銷售在市場同類產品中所占的比重）或市場占有率等資料，則可從民間企業發行的數據情報取得。此外，專業雜誌、財經雜誌、產業刊物或雜誌也都是重要的資訊來源。

另外，從經驗豐富的業界專家所發表的談話中，可以學到許多基本知識。也可以積極參加座談會或跨業交流會，取得想要的資訊，不僅能從專家的身上蒐集到資訊，還可以保持與他們之間的交流管道。

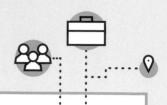

蒐集資訊要從 5 個層面著手

	A：蒐集的資訊內容	B：主要的蒐集管道
1. 社會環境	①國家、公部門的資訊（白皮書、家計調查、人口動態） ②民間資訊（民間白皮書、智囊團） ③財經雜誌、商業報導	善用網路
2. 市場動向	①市場動向調查（市場銷售量及其他） ②民間的資料庫（熟悉業界的資料庫） ③從業界團體或協會、專家蒐集資訊 ④產業雜誌、新聞	業界 團體 產業 善用網路
3. 消費者動向	①既有的研究資料庫（善用業界研究資料庫） ② POS 銷售時點情報系統[8]（在門市利用 POS 所得的資訊，以達成高額銷售目標） ③訪談調查（來自門市或專家的訪談） ④消費者調查（各種調查的執行） ⑤社群媒體或口耳相傳的資訊	訪談調查 資料研究 報刊雜誌 善用網路
4. 競爭狀況	①公司名錄 ②民間的資料庫 ③從業界團體或協會、專家蒐集資訊 ④產業雜誌、新聞	業界團體 產業刊物 善用網路
5. 提案對象現況	①運用公司內部情報網的訪談調查 ②銷售門市的訪談調查	從負責人處取得 善用網路

8 Point of Sale 的簡稱，是零售業界為記錄銷售資訊所使用的一種資訊系統。

使用「委託提案用」訪談調查表蒐集資訊

在蒐集來自企業客戶的情報資訊時，可以運用「訪談調查表」，將能有效避免遺漏掉重要的訪談事項。

訪談的項目及內容應依據工作性質，以及是委託提案或主動提案而調整，不妨依據自己的業務需求來製作「訪談調查表」。

「委託提案用」的訪談調查表必須確認以下的項目。

- **確認「問題點」、「課題」、「目的」。**
- **本次提案是針對什麼樣的「對象」？**
- **是否能針對提案方法的條件或業界規範給予大方向？**
- **需要多少經費（預算）？在什麼時間之前必須完成提案（截止期限）？**
- **過去曾執行了什麼樣的內容？有什麼效益？等執行概況。**

確認企業客戶「為什麼會要求提案」的目的，是訪談調查時最基本的項目。本次提案是只有委託我方這間公司？還是同時委託了其他數間公司？這點也要加以確認。

訪談調查表：「委託提案用」範例

負責人姓名	
訪 談 日 期	

項目		
1. 訪談前記錄 ①企業客戶		
②負責人姓名（職務）		
③過去的成績		
2. 定位內容	●重點	●訪談內容
①目的、課題	為什麼想要執行？ 有什麼樣的期待？ 課題與問題點是什麼？	
②對象	執行的對象	
③執行內容 ●對於提案方法的條件、要求		
●提案的方向性	客戶期待的方法	
●過去的執行概況及效益		
④執行時間	什麼時候執行？	
⑤總預算	對方開出的總預算	
⑥提出日期	提出提案的日期	
⑦提出內容	需要提出什麼樣的內容	
3. 背景分析 ①競爭狀況	我方公司是單獨提案或有競爭對手？	
②勝出條件	為了提案能勝出所需的價格、企劃、獨特性等	
③可能性、備註事項		

使用「主動提案用」訪談調查表蒐集資訊

委託提案時，可以蒐集到來自企業客戶的情報、資訊，用來製作「訪談調查表」，但是主動提案並不是來自企業客戶的委託，所以資訊的蒐集將會變得相對困難，訪談的項目內容自然也要有所不同。因此，透過平時的業務活動蒐集資訊，就變得相當重要。

提問能力也變得格外重要。詢問基本事項為主，也要注意以下的項目：

- **從談話中，發現能成為企業客戶問題點及課題提示的資訊。**
- **變更提問項目，從業界或其他話題蒐集能成為提示的資訊。**
- **面訪時無法問出的資訊，可以透過其他方法取得。**

並不是進行一次訪談就能得到所有的資訊，為了蒐集到更多想要的資訊，除了對窗口單位的負責人外，也要試著從其他部門的人員獲取資訊。

另外，企業客戶的留言板、公司內部刊物、公關宣傳刊物、官方網站、網路社群或口耳相傳的資訊等，也都可能獲得相關資訊，所以努力不懈地蒐集資訊是很重要的。

訪談調查表：「主動提案用」範例

負責人姓名	
訪 談 日 期	

項目		
1. 訪談前記錄 ①企業客戶		
②負責人姓名（職務）		
③過去的成績		
2. 定位內容	●重點	●訪談內容
①問題點及課題	企業困擾的問題 企業的課題是什麼？	
②通路、促銷	透過通路販售或直接銷售？	
③客群	主要客群	
④重點商品、重點對策		
●重點商品		
●重點對策		
⑤過去的執行內容	執行過什麼樣的事項？ 效益及問題點如何？	
⑥預算	年度預算	
⑦競爭狀況		
⑧其他資訊		
3. 我方公司的應對 ①提案的可能性	有提案課題嗎？	
②下次的提案	下次的訪談內容	

02 發掘課題

設定企劃提案基礎的課題

從蒐集的資訊情報中找到問題點，然後從中找出提案、企劃的頭緒，那就是課題。可以從幾個問題點當中去發掘課題。

- **把認為最重大、急需解決的問題點當作課題。**
- **藉由聚焦課題，提出有明確解決對策的提案。**

課題設定是提案書及企劃書的基礎，若無法設定課題，就無法寫出提案書或企劃書。而解決對策是由課題導出的，所以當課題設定過多時，解決對策也會因為太繁雜而使得重點分散。

另外，選擇無法解決的課題，只會自尋煩惱而已。因此，設定課題的訣竅在於必須是自己能夠解決的範圍。當然，如果是委託提案的話，必須挑戰困難課題的案例也不少吧？

發掘課題的重點範例

Q1：是否有商品賣不出去的煩惱？

Q2：是否為競爭商品或店鋪的出現而煩惱？

Q3：是否有銷售陷入苦戰的地區？

Q4：對於商品認知或內容理解是否太少？

Q5：是否不知道或不了解各個銷售通路？

Q6：有沒有效率更佳的方法？

Q7：是否知道消費者的使用情況？

Q8：需要新的銷售方式嗎？

Q9：使用網路、手機銷售或促銷嗎？

Q10：利用網路或手機的銷售或促銷有沒有需要改進的問題？

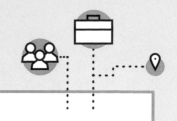

03 依據基本方針，訂定目的及主旨

讓對方接納的「提案」之概念

接受課題設定後，要思考如何解決的基本方針，而依據提案及企劃的主旨、目的、狀況決定的目標，就是基本方針。

另外，為了確立達成目的之思考方式，有時會使用「概念」一詞。所謂的概念，就是為商品或提案內容做出定義，類似以下的說明，就叫做概念。

- **基本思考方式將成為個別提案的前提。**
- **以一句話精簡陳述的關鍵字。**

所謂的概念，就像是「堅持」一般的信念，如何讓它發光就是企劃最有趣的地方。以下將舉汽車製造的概念來說明（如左頁）。

另外，基本方針有時是針對數值，揭示改善、改革目標的數值。

讓概念發光

所謂的概念，就是「觀念」、「定義」等意思。
為商品或事物賦予某個定位的意義。

例：汽車製造的概念

概念 A	概念 B	概念 C
「運送工具」	「享受速度樂趣的工具」	「享受約會的工具」
商品製造重點是 「載送空間」 「運送重量」	商品製造重點是 「最快速度」 「加速性能」	商品製造重點是 「車內環境」 「外觀及造型」 「地位表徵」

決定定位

明確的定位，有助於思索商品概念，以及協助提案對象釐清其商品特性、目標市場。先進行相關比較後，再來思考定位，是企劃時非常重要的一件事。

尤其是要製作事業企劃書、商品企劃書時，先釐清企業或商品的定位是非常必要而且有幫助的。思考既有的企業及商品因具備了哪些特色而領先業界，就能夠釐清企業或商品的定位，並且找出公司應當瞄準的領域或機會。通常可以使用以下的事項來釐清定位：

- **設定由縱軸、橫軸兩條線組成的定位圖。**
- **在定位圖上以小點或圓圈，標出目標市場及競爭對手的位置。**

例如，在進行商品企劃時，可以用客戶選擇商品的標準來設置縱軸、橫軸。左圖是以設計為橫軸，功能為縱軸，然後在這個定位圖上標出競爭商品的位置。

接下來，就可以判斷出當自家公司的商品加入競爭行列時，將會處在哪個位置，從競爭的分析比較中發現加入競爭行列的可能性。

定位圖範例

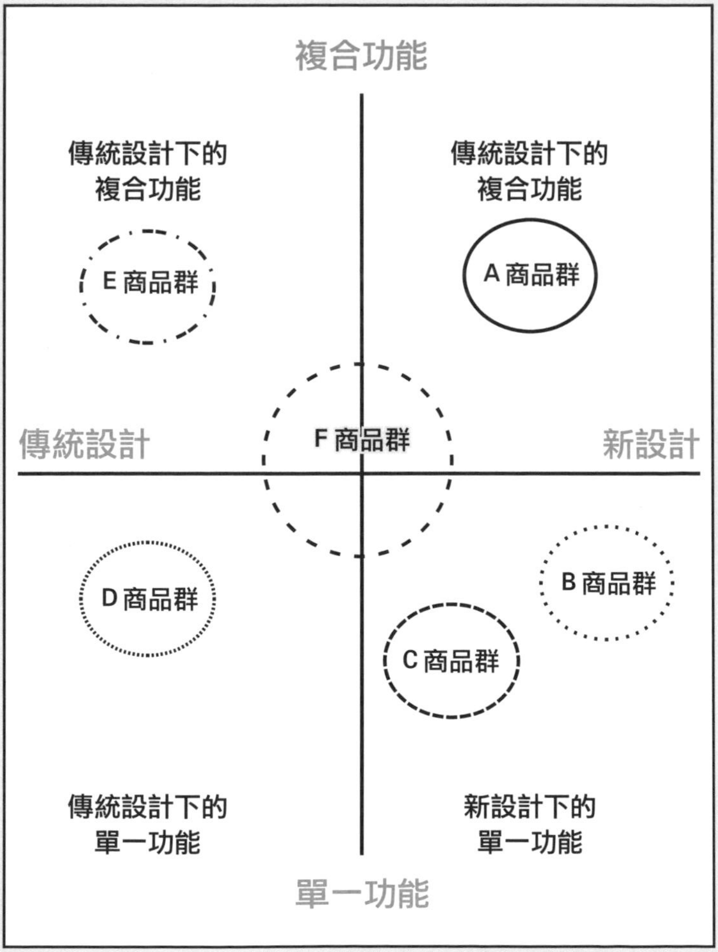
複合功能
傳統設計下的
複合功能
傳統設計下的
複合功能
E 商品群
A 商品群
傳統設計
F 商品群
新設計
D 商品群
B 商品群
C 商品群
傳統設計下的
單一功能
新設計下的
單一功能
單一功能

確實設定目標市場

當目標市場曖昧不明時，可能也難以確立基本方針中的目的、主旨。目標必須根據以下事項來檢討設定。

- **對於達成企劃目的是否合適？**
- **範圍必須再擴大或是限縮？**
- **有沒有其他切入點？**

公司內部提案時，可以從（1）職務（2）部門（3）性別及年齡（4）公司年資（5）能力等，找出切入點。例如：「幹部專屬」的特別研修、「年資一年以內的非應屆畢業生社員」說明會、「針對女性職員」的經理人才培育講座等。

以企業為對象時，從大型企業到中小企業，或是各種型態的業界，切入點都必須清清楚楚。

而以消費者為對象時，不僅要注意性別等屬性，如左圖所列的生活水準、志向、生活型態、擁有商品、購買意願等，掌握真實具體的對象是一大關鍵。

確立目標市場的思考實例

①屬性	性別、年齡層、家庭成員、已婚、未婚、居住地區等
②生活水準	收入、支出、儲蓄等生活水準等。
③志向、生活型態	興趣、嗜好、生存方式、思考方式等。
④擁有（使用）商品	擁有（使用）商品的品牌及使用情況（忠誠顧客）等。
⑤購買意願	潛在顧客、準顧客的購買意願等。

區域商圈的狀況

商圈

- 步行圈
- 腳踏車利用圈
- 汽車利用圈
- 大眾交通工具利用圈

廣告策略的狀況

實際目標市場	想像的目標市場
實際購買的人	經由廣告出現購買意願的人

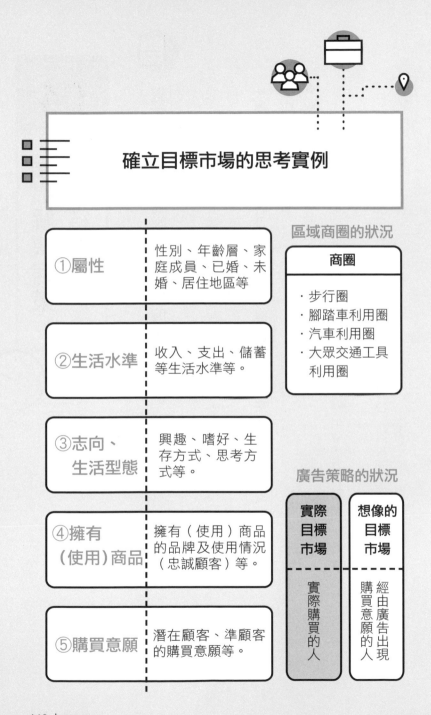

04 提出解決對策作為結論

確立切入點、著眼點，提出解決對策

設定的基本方針，要採用什麼樣的切入點來解決？在提出解決對策作為結論時，是否能讓對方留下強烈的印象，將決定這個提案是否會被採用。

- **能夠切合基本方針及概念所形成之具體對策的內容。**
- **可實際執行的內容。**
- **能帶給提案對象利益的內容。**

解決對策及概念間不可以有過大的落差。「概念新穎但解決對策老套」，將會違背對方的期待。

當然，也絕不能寫出和概念八竿子打不著的解決對策。以左圖為例，是以「事項」為切入點思考解決對策。

新賣場提案實例：從「物」轉移至「事」

民眾消費方面，在「物」上的支出減少

在「事」——也就是服務支出增加，達 40%以上。

所謂的「事」

↓

投入於繪畫中
與人產生聯繫
變得健康
擁有舒適睡眠

「賣場」

過去為是銷售「物」的賣場

如：鐘錶賣場
家電賣場等

今後以銷售「事」為主題的賣場

↓

如：以「健康」、「睡眠」、「音樂」為主題的賣場。

決定符合提案的標題

解決對策的標題，乃是提案書及企劃書的臉面，所以不要只是用平凡無奇的用詞，想一個符合提案、企劃的標題吧！

要使用能夠喚起期待與好奇，並且容易記憶的詞彙。標題能賦予提案生命力，同樣也能毀了提案，接受提案的對象將因為提案標題而產生截然不同的印象。

例如，「老年人退休後的組織化提案」這樣的標題太過直白，應該改成「樂齡退休俱樂部之提案」、「悠然自得人生計畫提案」等標題，再交出提案。

以下介紹一些比較符合時代潮流的「標題」實例。

- **能引起話題的詞彙：如政治方面的「安倍經濟學」、「三支箭[9]」等；世代方面的「寬鬆世代[10]」、「達觀世代[11]」等；觀光方面的「豪華七星號列車遊九州」、「中央新幹線」等；高齡者方面的「臨終筆記」、「活力銀髮族」等。**
- **已成為流行用語的詞彙：「壁咚」、「二〇二五問題[12]」、「危險藥物」。**
- **被廣泛使用的詞彙：「〇〇活」、「〇〇騷擾」、「〇〇難民」、「〇〇女子」、「〇〇男子」、「〇〇預備軍」、「〇〇詐欺」、「〇〇Cafe」等。**

若是能以這類用詞製成標題，說服力也會更高。

引起話題的
熱門標題實例

政治	「安倍經濟學」、「三支箭」、「振興地方經濟」、「產業觀光」等。
世代	「寬鬆世代」、「達觀世代」、「終生獨身」、「次世代」等。
高齡者	「臨終筆記」、「生命史」、「爺奶津貼」、「育兒老闆」、「活力銀髮族」、「銀髮族大學」、「終生學習」等。
觀光	「豪華七星號列車遊九州」、「中央新幹線」、「工廠觀摩」、「體驗旅行團」等。
活性化	「婚活」、「妊活」、「就活」、「骨活」、「朝活」[13]等。
騷擾、歧視	「孕婦歧視」、「性騷擾」、「家事歧視」等。
流行語	「壁咚」、「不行喔～不行不行」、「好好地」「2025 問題」、「危險藥物」等。
網路	「雲端」、「集點卡」、「3D 印表機」、「數位學習」、「網路社群」、「比特幣」[14]等。
生活	「〇〇難民」、「〇〇女子」、「〇〇男子」、「〇〇預備軍」、「〇〇詐欺」、「〇〇婚」、「〇〇折扣」、「〇〇 Cafe」、「〇〇共享」等。

9 安倍的經濟政策：大膽的金融政策、機動的財政政策、喚起民間投資的成長策略。
10 指日本一九八七年後出生的世代，其就學時期主要受到二〇〇二年開始推行的「寬鬆教育」影響。
11 是指對未來不表樂觀而採取保守態度的日本人。
12 日本的國民全民保險制度將迎來重大轉折點。屆時日本人口動態中最大的一個群體——團塊世代（一九四七～四九年出生）都將年逾七十五歲，換言之，成為「後期高齡老人」。
13 一系列的名詞。分別為從事相親聯誼；學習怎樣準備懷孕、管理自己的體質令自己容易受孕；就職活動；預防骨質疏鬆症；晨間活動。
14 一種 P2P 形式的虛擬貨幣。

05

擬定執行計畫

將內容和方法具體化，擬出行事曆

執行計畫中包含了解決對策在內的個別具體對策。在執行解決對策方面，要說明以什麼樣的方法及內容，在何時何地執行。必須在以下的事項上費心。

- **依項目別條列彙整。**
- **期程必須分大期程、小期程。**
- **估算經費，擬定收益計畫。**

大期程是擬訂一個大概的時程表，包括決定提案、企劃到準備階段、開始執行、其後的預訂。小期程則是更加細分作業時間。

經費預算分為概算費用、詳細費用兩種，不過，在提案、企劃階段只需提出概算費用。若是事業提案，則必須提出事業的收益計畫；商品提案則必須提出生產、銷售的收益計畫。可能的話，應該列出3年後的收支，以及3年內各年度可能實現的收益計畫。

新賣場提案實例：
從「物」轉移至「事」

時程表（大期程）

●準備期間	3 個月
●活動執行期間	6 個月
●追蹤期間	2 個月

執行費用（概算費用）

●製作相關費用	1000 萬日圓
●活動相關費用	3000 萬日圓
●廣告媒體費用	5000 萬日圓
●企劃營運管理相關費用	800 萬日圓
總預算	9800 萬日圓

收益計畫

項目	第一年度	第二年度	第三年度
營業額	5 億日圓	8 億日圓	20 億日圓
成本	4 億日圓	6 億日圓	10 億日圓
營業利益	1 億日圓	2 億日圓	10 億日圓
各種經費	3 億日圓	4 億日圓	5 億日圓
單年度收益	▼ 2 億日圓	▼ 2 億日圓	△ 5 億日圓
累積收益	▼ 2 億日圓	▼ 4 億日圓	△ 1 億日圓

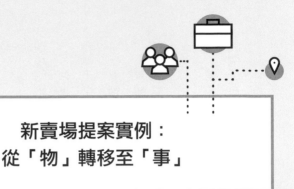

列出預期效益

預測提案執行後，將會達到什麼樣的效益極為重要。尤其是主動提案時，若無法得知預期效益，就無法判斷所提出的提案或企劃是否值得期待。

要正確預估執行提案的效益很困難，即使過去曾執行過同樣的內容，也會因為前提條件或環境的影響，讓結果產生微妙差異。

但是，接受提案或企劃的一方，如果不知道預期效益，就無法下定決心執行。有關效益的預測，不妨注意以下幾點。

- **效益必須包括經濟效益及心理效益。**
- **要和主旨或目的有連動關係。**
- **不要帶著主觀來預測效益。**

預測某個比賽能輕易募集到一萬件左右的參賽作品，但活動執行後卻只募集到一千件左右的例子可說是司空見慣，這也顯示出在企劃階段就要預測出大致的效益，是一件多麼重要的事。

在撰寫促銷企劃時，有必要參考左圖所列的各項數據資料，再進行提案內容的效益預測。

促銷效果

①介紹制度的簽約率	●高價的耐久消費財的情況：透過郵寄廣告的介紹，購買率為 0.1 ～ 0.2%左右。 ●透過購屋的買家介紹:50～60%左右。 ●透過食品郵購的新購買者而來的介紹:30 ～ 50%左右。
②附抽獎貼紙的贈品兌換率	●事後兌換的情況:10～30%左右。
③優惠券的兌換率	●報紙廣告：0.1 ～ 0.2%左右。 ●夾報宣傳單：2%左右。 ●門市優惠券：10%左右。
④直效行銷[16]相關	●直效廣告[15]（報紙）:0.01～0.05%左右。 ●和銷售有關的集客成本（CPO：Cost per order ／單一訂購成本）：平均 1 萬～ 3 萬日圓左右（部分為 5 萬～數萬日圓）
⑤資訊科技相關（透過電子郵件的購買率）	●透過網路而來的清單：0.3～0.5%左右。 ●優良顧客清單：1 ～ 2%左右。

15 指以直接溝通的方式，達到激發特定受傳者採取行動，諸如訂購、查詢或索取資料。

16 Direct Marketing，指的是運用行銷傳播活動，對消費者進行持續的交流和溝通，以維繫高利潤消費者的品牌忠誠度。

06 將提案書、企劃書內容彙整

具有一致性、邏輯性及戲劇性嗎？

在寫完執行效果後，全部內容都必須再重頭看一次，確認整個提案書、企劃書具備一致性及邏輯性。包括以下各點，都要進行最後的確認。

- **徹底刪除不符合基本方針的內容。**
- **必須前後連貫，有邏輯地說明為什麼要提案。**
- **彙整出戲劇性效果的內容。**

若是公司內部提案，就要有技巧地將內容彙整在一頁，補充資料則另外列出。至於提交給企業客戶的提案，一頁的內容可能不夠充分，可以多製作幾頁，彙整完畢後提案。還有，務必徹底刪除不符合基本方針的內容。此外，為了提高說服力，戲劇般的呈現效果也很重要。

至於寫法，為了讓對方容易做出判斷，現況分析、基本方針及解決對策的段落要明確且清晰。

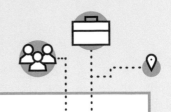

提案書、企劃書的彙整及寫法

彙整方式：2 個重點

「一致性及邏輯性」
徹底刪除不符合基本方針的內容。

「戲劇性」
有如推理小說般的 聚焦在問題點，發掘課題，成功解決問題的提案。

寫法：5 個重點

1. 段落明確。
2. 文章要有小標題。
3. 小標要精簡，以動詞收尾。
4. 盡可能用條列式撰寫。
5. 重要內容以圖表呈現。

07 進行簡報時的注意事項

如何進行有效的簡報？

要向主管或企業客戶簡報所提出的提案書或企劃書時，要事前做好準備，該如何回答對方可能的提問、說明要用掉多少時間等，都要先想清楚，並且提前演練過再進行簡報。

演練時，不要盯著提案書或企劃書看。若能夠在3分鐘內流暢地說明內容，就能夠充分提高說服力。進行簡報時，必須注意下列事項：

- **開場時要先說明是什麼樣的簡報及所需時間。**
- **視線要看著對方，不要一直盯著提案書等書面資料，要帶著自信進行說明。**
- **說明時要注意對方的反應，隨時確認正在說明的頁數內容。**
- **說明完畢後，要做出簡要的結論。**
- **預留提問時間，並且確實回答對方的提問。**
- **無法立即回答問題時，要告知對方何時會給予明確的說明。**

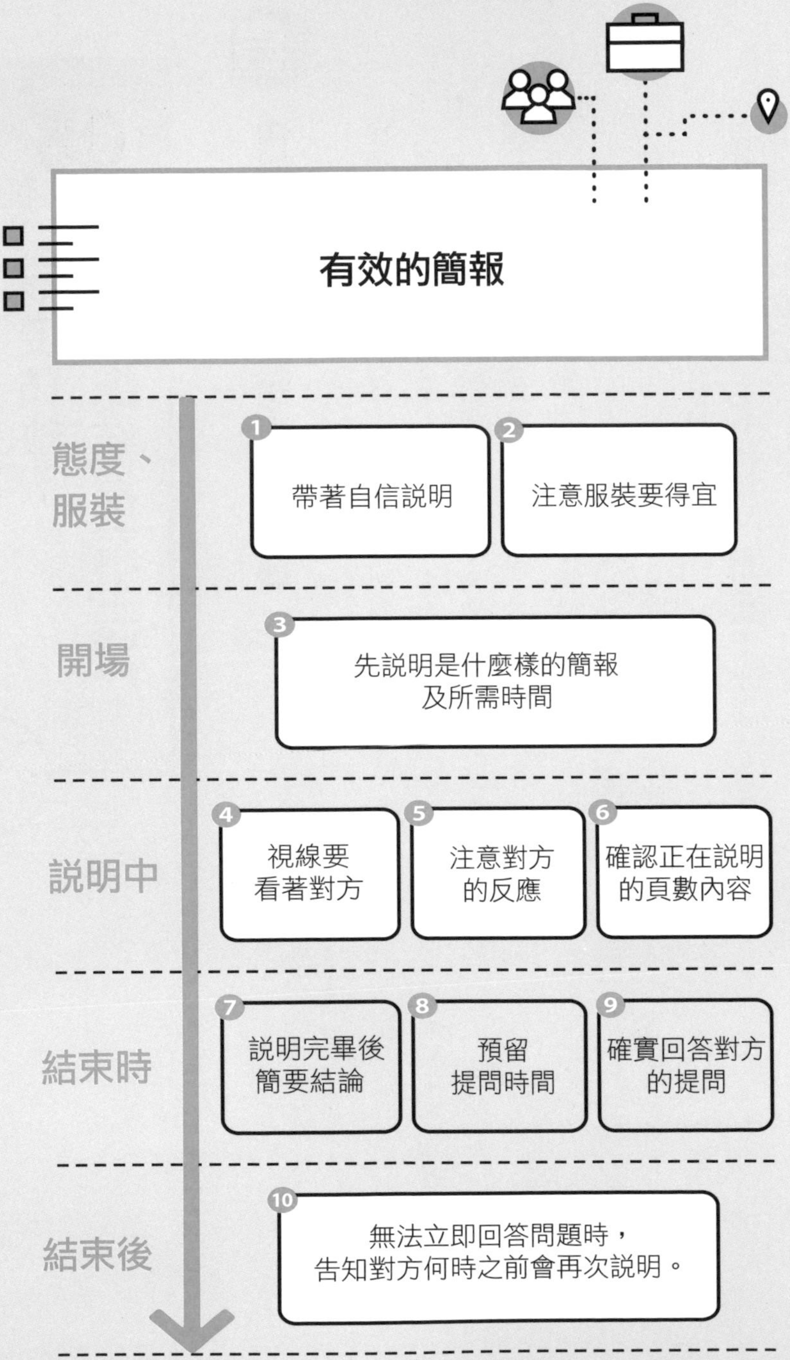
有效的簡報
態度、服裝
1 帶著自信說明
2 注意服裝要得宜
開場
3 先說明是什麼樣的簡報及所需時間
說明中
4 視線要看著對方
5 注意對方的反應
6 確認正在說明的頁數內容
結束時
7 說明完畢後簡要結論
8 預留提問時間
9 確實回答對方的提問
結束後
10 無法立即回答問題時，告知對方何時之前會再次說明。

08 最後15秒，用來總結提案主旨

確實準備好「最想表達的事情」

提案書、企劃書的製作，並不是「花時間說明就好」。尤其是分量厚重的提案書或企劃書，由於提供了大量資訊，時常會使得提案對象感到混亂。當資訊過多而且雜亂時，重點就會顯得不夠明確，會削弱了說服力。

進行簡報時，最重要的是確立提案書、企劃書中「最想表達的事情」，並且「好好地說明清楚」。因此，簡報最後的「關鍵15秒」就非常重要。

為什麼是15秒呢？我們在觀看電視廣告時，常在不知不覺間就記住內容了，而多數的廣告長度就是15秒。只要15秒，就能說出70～80個字，看似不多，但若是能夠費心做到如同下頁的實例，內容其實已經相當豐富了。

由於說明直截了當，具有說服力，提案對象也能充分理解。

用 15 秒說明提案主旨

實例 1：集客對策

關於執行○○的集客對策，我們針對「求知欲旺盛」的客群，提供 3 項機會。

一、「清晨大學」未來補習班
二、清晨研究會
三、清晨交流會
等以上 3 項。

實例 2：活動對策

根據○○活動，藉由「提供孩子自由快樂的遊戲空間」，能實現以下 3 件事。

一、任憑自由意願地遊玩
二、結交同伴
三、培養想像力

實例 3：媒體策略

○○的媒體策略，
是以「運用臉書、推特、LINE、YouTube 等社群網路」，冀收低成本高成效。

PART.5

立刻派上用場！公司內部提案書及企劃書案例

01 公司內部提案需要什麼呢？

任何部門都有提案機會

關於公司內部的提案，不要一直等著主管來指派，不妨主動出擊吧！任何部門可都充滿了提案的機會。

- **經營企劃部門：**經營願景、中期計畫制訂或檢討修訂組織體制、吸收合併、新事業等。
- **管理部門：**經費方面降低成本、作業精簡化、效率提升、人事及組織的檢討修訂、加強職能教育訓練等。
- **業務部門、市場行銷部門：**專長領域的強化、開發新顧客、直效行銷的引進、提升顧客滿意度、顧客組織化、檢討廣告預算及促銷手法、檢討修訂調查方法、運用網路或資訊科技以提升作業能力等。
- **生產、採購部門：**進貨成本降低、檢討修訂採購流程等。

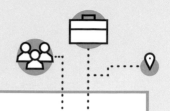

公司內部的各部門提案機會

經營企劃部門

- 經營願景、中期計畫制訂或檢討之提案
- 檢討全公司的組織體制、吸收合併之提案
- 關於新創事業之提案等

管理部門

- 經費方面降低成本之提案
- 作業精簡化暨效率提升之提案
- 檢討人事及組織之提案
- 加強職能教育訓練之提案等

業務部門
市場行銷部門

- 強化新事業、專長領域提案
- 開發新顧客之提案
- 引進直效行銷之提案
- 提升顧客滿意度、顧客組織化之提案
- 檢討廣告預算及促銷手法之提案
- 運用網路或資訊科技以提升作業能力之提案等

生產、採購部門

- 進貨成本降低之提案
- 檢討修訂採購流程之提案
- 協力公司的檢討修訂之提案
- 集中採購之提案等

公司內部提案必須簡要、低成本、快速

即使是公司內部提案，也要避免浪費才行。必須注意「簡要提案」、「低成本提案」、「快速提案」這3項要點。

● **盡量減少提案的頁數，寫出具體且立即可執行的內容。**

在提案書或企劃書中，要避免多餘的問候開場白。

● **擬定花最少錢的提案。**

需要花費高額經費的提案，即使提案內容正中核心，有時也只會因為經費考量而不得不放棄。

● **委託提案需要盡早完成，而主動提案也應在適當時機及早提案。**

主管託付的提案必須在要求期限內完成，加上主管的意見，提出確實可執行的提案。主管收到提案後，必須與高層商談，經由幹部會議等迅速做出裁決。至於需要由哪些部門、哪些層級或職務的人來進行裁決，則要視提案內容來判斷。

營造一個能夠輕易主動提案的環境是非常必要的，所以有些企業會執行「提案制度」，積極接受員工的提案。

公司內部提案的 3 項重點

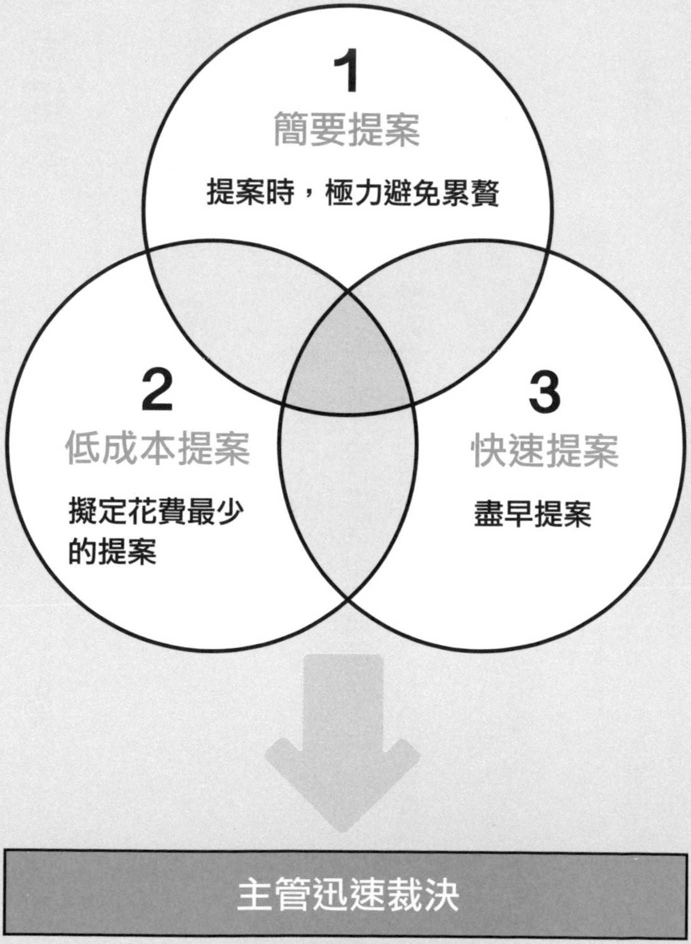
1
簡要提案
提案時，極力避免累贅
2
低成本提案
擬定花費最少的提案
3
快速提案
盡早提案
主管迅速裁決

02 提案企劃案例①
網路集客提案

針對網路集客的提案重點

網路集客的重點是提高「成交率」、「案件化率」，以增加營業額。

- **營業額＝案件數×成交率×購買平均單價（案件數：現正進行中的商談件數）**
- **案件數＝接觸數×案件化率（案件化率：透過電子報、展示會、廣告等，和公司有接觸而發生商談的比率）。**

多數企業都是透過講座、網頁廣告、電子報等來增加與顧客的接觸次數，今後重要的是增加成交率、案件化率的策略。

現今顧客的購買行為越來越複雜化了。例如，顧客在決定購買前會頻繁造訪網頁，為了蒐集商品等購買資訊而積極出席講座或展示會。因此可採取電子報增加10點的點數、參加講座可增加30點等方法，進行顧客行為的管理及定量評價，只將超過設定標準的顧客列表管理，對於業務推動時接觸顧客才會更有效。

網路集客的重點

目標是提高營業額，而重點是提高「成交率」、「案件化率」。

另一方面，多數企業只是致力於提高接觸次數。

營業額＝案件數 × **成交率** × 購買平均單價

↓

●提高成交率的策略很重要。

↓

●必須提高案件清單的品質。

●只有超過設定標準的顧客列表管理。

↓

●必須管理及定量評價[17]顧客行為！

↓

訂定管理顧客行為的分析系統

案件數＝接觸數 × **案件化率**

↓

●提高案件化率的策略很重要。

●對接觸過的顧客進行有效商談是必要的。

●避免給予顧客過多資訊，以免顧客無法消化有效內容。

↓

●必須訂定符合顧客行為的行銷策略。

↓

訂定管理顧客行為的方法

網路集客「網路來訪者實物大作戰」提案書

①提案緣由

這個提案主旨在於分析公司網路市場行銷策略的運用，是否能帶來收益而主動提出的。為了提高根據市場行銷活動所製成的顧客清單的案件化率，提出解決對策。

②提案內容及重點

提案的本質是把業務效率提高到極限，建立一個確實呈現收益比的結構。

● **重點1「如何製作品質良好的顧客清單」**。

將顧客行為給予定量評價，只有超過設定標準的顧客才列表管理、應對。

● **重點2「從接觸過的顧客進行有效商談」**。

顧客瀏覽公司的哪些數位內容（如網站等）、瀏覽次數、停留時間等，參加活動的狀況，及有沒有下載資料，以利與顧客進行有效接觸。

要執行這兩項重點，就需要管理顧客行為的分析系統，因此本提案推薦引進市場行銷的整合系統。

提案企劃範例①——網路集客

提案對象部門、職務、姓名

提案日期
提案者部門、姓名

「網路來訪者寶物大作戰」提案書

<table>
<tr><td rowspan="1">1. 現況分析</td><td colspan="2">未達成網路市場行銷的目標。
針對業務活動中的準主顧之成交率太低、顧客清單的案件化率過低。
①準主顧的成交率太低：現在 5%
②寄發電子報的案件化率不佳：現在 0.5%
課題
①提高準主顧的簽約率　簽約率目標 12%
②寄發電子報的案件化率提高至 3%以上</td></tr>
<tr><td rowspan="3">2. 基本方針</td><td>目的</td><td>對象</td></tr>
<tr><td>提高業務效率，讓市場行銷活動確實呈現收益比</td><td>所有顧客（所有業務員）</td></tr>
<tr><td colspan="2">提案標題：「網路來訪者寶物大作戰」
提高來訪者清單品質，建立確實呈現收益比的結構
執行方法：①提高準主顧的簽約率
②提高來自電子報、講座、展示會、瀏覽官網人數的案件化率</td></tr>
<tr><td rowspan="3">3. 執行方法</td><td colspan="2">●引進市場行銷的整合系統
引進以數位化為中心的各種市場行銷策略管理、執行的系統基礎。
●依顧客行為分類執行不同的接觸方式
透過電子報點選網址或瀏覽網頁等不同行為，改變接觸方式。
●執行顧客行為管理及定量評價
針對瀏覽電子報或網頁、是否下載資料、參加講座等行為，來進行定量評價，管理準主顧名單。
●設定業務用的案件清單上下限
進行業務員的接觸，決定定量評價標準。</td></tr>
<tr><td colspan="2">經費預算　●系統引進　50 萬日圓左右
●系統維護　10～30 萬日圓左右（每月）</td></tr>
<tr><td colspan="2">預期效益
相對於過去的市場行銷策略，收益達 10 倍以上。</td></tr>
</table>

03 提案企劃案例② 作業改善提案

作業改善的提案重點

作業改善提案，可從「速度提升」及「作業效率化」這兩方面思考。例如，可思考下列提案：

- **檢討改善作業流程，謀求合乎作業流程的決策權。**
- **謀求單據、報表等作業的效率化。**
- **剛創立的企業應該確立決策權，並制訂出能夠反映決策權的單據、報表。**

在作業流程的改善方面，可以檢視會議的運作。因為會議通常有很多是無謂的、多餘的，可改善的空間極大。

另外，配合業務擴大而增加的單據、報表等加以整合，運用資訊科技共享資訊，進行無紙化作業也非常重要。

至於剛創立的企業，有些企業由於決策權和工作規範都還處於不明確的階段，單據、報表都還很少，所以有必要確立決策權，並且制訂出能夠反映決策權的單據、報表。

作業改善的重點

1. 速度提升

透過資訊科技化分享資訊
無紙化作業

2. 作業效率化

確立決策權
重新檢視會議
重新檢視單據、報表

3. 剛創業的企業

決定工作規範，確立決策權，
製作能夠反映出決策權的單據報表

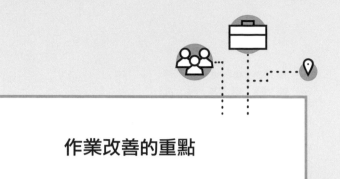

30分鐘內提出結論的「30C會議」提案書

①提案緣由

許多體制老舊的企業，由於經營者或幹部只要沒有實際面對面談話，就無法感到放心，所以很容易一發生什麼事，就立刻召開會議。由社長或上司單方面發出會議通知，頻繁地召開會議或協調會，有時也會在會議或協商時突然要求提案。

而該公司目前的狀況是：由於無法預估當天會議什麼時候才會結束，以致於無法安排會議後的行程。

因此，有幹部委託負責人重新檢討會議的做法。若是能夠解決這個問題，會議就能更有效率。

②提案內容及重點

為了短時間內達成目的，提案為30分鐘內做出結論的「30C會議」。

- **確立目的，進行事前準備，做出結論。**
- **限制時間，事前分發資料，積極提案。**
- **製作會議記錄。**
- **善用公司布告欄或公司社群網路。**
- **行事曆管理也要善用網路群組。**

提案及企劃案例②——會議效率化

提案對象部門、職務、姓名

30 分鐘內提出結論的「30 C會議」提案書

提案日期

提案者部門、姓名

1. 現況分析及課題	①會議浪費過多時間（每次會議平均 1.5 小時）。 ②議而不決的會議過多（平均 10 次會議中有 4 次沒有結論）。 ③無法預估會議什麼時候結束，以致無法安排會議後的行程。 ④發言者集中於一部分的人。
2. 目的、主旨	徹底有效地運用會議時間。
3. 提案標題	30 分鐘提出結論的「30 C會議」。所謂 30 C，是指在 30 分鐘內做出結論（C是 conclusion 的字首）。
4. 提案重點	「會議將在 30 分鐘內結束，務必做出結論」 ——採用人類專注力最長是 15 分鐘，30 分鐘是極限的理論。
5. 對象	幹部會議以外的任何會議。
6. 方法	1.「30 分鐘」結束。 2. 務必做出結論。 3. 事前先分發會議的主旨、資料。 4. 參與的人員要準備自己的「意見」參加會議。 5. 製作會議記錄。
7. 期程	從○○年○○月開始執行。 ●準備時間為期兩個月 製作公司內部說明資料一個月，公司內部宣導一個月。
8. 預估經費	製作「30 C會議記錄」表單。 在公司影印即可，不需產生委外費用。
9. 預期效益	透過會議效率化，達到削減每年○○萬日圓成本。 ●一年○○次的會議，可能削減○○萬日圓的人事費用。 ●一次會議參加人員○名，以平均時間成本○○○日圓計算，每次會議可削減○萬日圓。
10. 補充資料	1. 會議記錄。2. 過去的會議績效記錄。

04 提案企劃案例③ 重新檢視人事考核制度提案

重新檢視人事考核的提案重點

由人來評價人的人事考核部門，往往會在考核標準及進行考核的過程中，產生許多問題。重要的是必須公平，而且評量標準必須明確，才能有助於提升員工職能，帶動公司績效提升。因此針對人事評估考核制度，有必要重新檢視是否符合以下要點。

- **要以明確的評量標準，制訂公正的評量，排除「個人好惡」、「依心情而定」的績效評估。**
- **員工能夠接受評量，提高工作能力、有幹勁，才能帶動公司績效提升。**
- **讓員工接受企業目標，在與上司洽談後，訂出個人目標，並進行目標管理。**

過去大多都是由上司進行單方面的評量，而且評量結果並未公開。而一味的追求績效，將會忽略員工能力的提升或與其他部門的互動，所以許多企業開始引進綜合評量。重要的是必須要讓員工接受評量，提高工作能力、有幹勁，才能帶動公司績效提升。

從評量面及能力面，
重新檢視人事考核制度

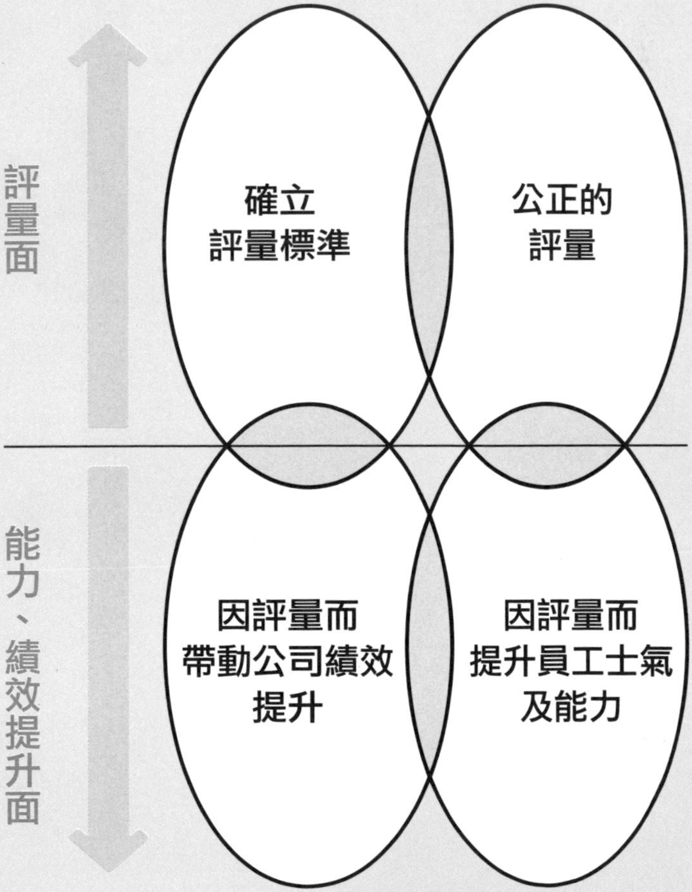

「全方位績效評估及目標管理評量」提案書

①**提案緣由**

這項提案，是由人事部長向人事負責人委託提案而產生的提案書。由於舊的績效評估制度有許多模糊地帶及問題，因此人事部長希望能有一份徹底改革的提案。

②**提案內容及重點**

這項提案的重點是「全方位績效評估」及「目標管理評量」兩項。

藉由巧妙運用這兩項來提升員工士氣，提高員工留存率。個人目標則必須整合個人自主性及經營目標而訂定。

若能依上司指示的方向，來設定個人目標的話，豈不是很好嗎？

- **上司和部下對談，依照部下的個人能力、資質來設定目標。**
- **目標應該設定在當事人有努力就可以達成的高度。**
- **上司為了達成目標，必須給予部下養成、輔導及協助，打造一個可能達成的組織或環境。**
- **確立績效評估標準，與部下充分對話，進行全方位績效評估。**
- **對評估者進行訓練，將評估結果作為次年度目標設定參考的體系。**
- **以建立能夠持續執行的制度為目標。**

提案企劃案例③——人事考核制度

提案對象部門、職務、姓名

「全方位績效評估及目標管理評量」提案書

提案日期
提案者部門、姓名

1. 提案標題	「全方位績效評估及目標管理評量」
2. 提案原因	①績效評估標準模糊不清（占全公司 45%）。 ②無法傳達績效評估結果（占全公司 28%）。 ③績效評估對能力的提升沒有幫助（占全公司 26%）。 ④超過半數的離職人員是出於對績效評估結果的不滿（占離職人員 67%）。
3. 對象	從一般員工到課長。
4. 方法	1. 和上司一起訂定個人目標。 ●訂定提升個人能力的目標，必須和公司經營目標產生相互影響。 2. 確立引進全方位績效評估的評估標準。 ●引進全方位績效評估，與部下充分對話。 3. 對評估者進行訓練。 ●為了避免評估者有所偏頗，進行評估者訓練。 4. 運用於次年度的目標管理。 ●為了讓目標管理在次年度仍然可以持續，要按更長遠的中期目標來執行。
5. 期程	從〇〇〇〇年〇〇月開始引進。 ●制度準備期間　3 個月 ●測試期間　3 個月 ●制度修正期間　2 個月 ●評估者訓練期間　1 個月
6. 預估經費	聘用人事顧問，總額〇〇〇萬日圓。
7. 預期效益	員工對人事考核的不滿，由現在的 52%下降到 20%。 員工離職率減少 2 成，留存率提高。
8. 預估經費	引進目標管理的企業實例。

05 提案企劃案例④ 客訴對策的提案

客訴對策的提案重點

顧客提出的抱怨，只要應對錯一步，就很可能失去好幾倍的顧客。顧客抱怨通常是在「原本信任卻覺得遭到背叛」、「無法遵守承諾」、「應對問題不周全」、「不符預期」等狀況下發生。採取客訴對策時，以下事項極為重要。

- **有誠意且迅速應對。**
- **不要把對方的電話轉接來轉接去。**
- **聆聽顧客說的內容，絕對不要反駁。**
- **訂定口徑一致的應對體系極為重要。**
- **優先為對方解決問題。**

反過來說，若是能妥善應對顧客的抱怨，就能帶給顧客好印象，提高信賴感。過去也曾發生原本抱怨的顧客成為忠實顧客的案例。因為會提出抱怨的顧客，多數都是強烈喜愛商品或服務的人。

客訴對策的 5 項重點

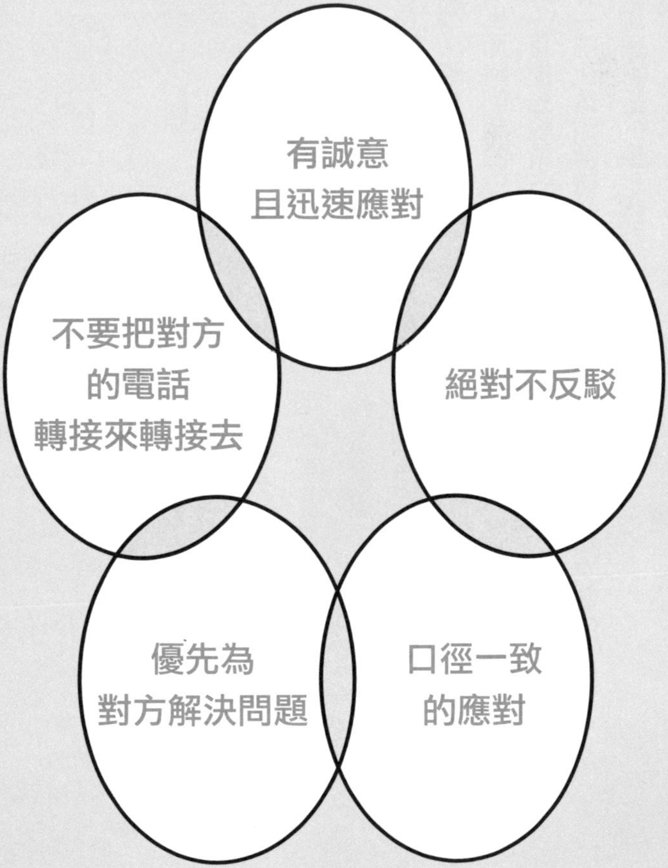
有誠意
且迅速應對
不要把對方
的電話
轉接來轉接去
絕對不反駁
優先為
對方解決問題
口徑一致
的應對

零客訴的「四葉草作戰」提案書

①提案緣由

客訴對策並不像嘴巴說的那麼簡單，有時候，在第一線發生的看似尋常的應對，卻可能形成潛在客訴，導致營業額漸漸下降，在不知不覺中流失掉大量顧客。這項提案，是由第一線服務的員工根據親身體驗而主動提案的。

②提案內容及重點

提案名稱是「零客訴的『四葉草作戰』」。光靠第一線人員再怎麼努力應對，仍無法解決客訴問題，客訴對策必須全公司一起面對。

公司以零客訴為目標，擬出統一應對的「金太郎飴[18]」作戰計畫。

- **徹底分析客訴內容，決定正確的應對方式，製成標準化的客訴應對操作指南。**
- **將客訴內容製成資料庫，資料共享。**
- **進行顧客來電時能做出即時回應的「快速反應訓練」作戰。**
- **以客訴對策為優先的「最優先對策」作戰。**
- **徹底落實員工訓練的「防止重蹈覆轍」作戰，以防止同樣的客訴再次發生。**
- **設置專責部門，強化嚴重客訴的應對體制。**

提案企劃案例④——客訴對策

提案對象部門、職務、姓名

零客訴的「四葉草作戰」提案書

提案日期

提案者部門、姓名

1. 現況分析及課題	①客訴的件數急遽增加（比前一年增加 40%）。 ②客訴應對標準不一。 ③客訴應對被擱置處理。 ④沒有專責應對的部門。
2. 目的、主旨	執行綜合客訴對策，以零客訴為目標。 ●全公司採取最優先應對，以利維持、擴大業績。
3. 提案標題	零客訴的「四葉草作戰」 ——成為零客訴，為顧客帶來幸福的企業
4. 提案重點	1.「金太郎飴」作戰 ●公司上下對於客訴都能說出一致的標準答案。 2.「快速反應訓練」作戰 ●能夠及早針對客訴提出回答。 3.「最優先對策」作戰 ●針對客訴，採取優先對策。 4.「防止重蹈覆轍」作戰 ●防止同樣的客訴發生第二次。
5. 對象	全部門
6. 方法	1.「金太郎飴」作戰：製作標準化的客訴應對操作指南。 ●公司上下對於客訴都能說出一致的標準答案。 2.「快速反應訓練」作戰：資料庫共享。 ●歷史資料分析 ●即時應對系統 3.「最優先對策」：徹底執行最優先原則及設置專責部門。 4.「防止重蹈覆轍」作戰：徹底落實教育訓練。 ●為了完全落實操作手冊的執行，徹底執行教育訓練。
7. 期程	從○○年○○月開始執行。●準備時間為期 6 個月，進行操作手冊製作、系統開發、教育訓練等。
8. 補充資料	●過去的客訴內容及應對資料 ●建置客訴管理系統的評估資料

18 日本江戶時代流行的一種糖果。由於不管怎麼切，橫斷面都是一樣的，而用來比喻眾口一辭的社會現象。

06 提案企劃案例⑤ 提升提案能力

提升員工能力的提案重點

企業各部門強化員工能力的必要性增高，強化銷售能力是緊急要件之一。當來賣場的客人很多、商品卻賣不出去的同時，「心血來潮消費」、「衝動購買」卻增加了。因此，銷售、業務教育時，類似以下的方法就變得極其重要。

- **提高待客能力，在賣場中利用「促銷技巧」，提高店頭購買率。**
- **「以笑臉待客」，讓顧客產生好感。**
- **從賣場單一專櫃商品的銷售擴大到整個樓層，對於顧客的多樣化需求皆能應對。**
- **設立待客專業能力的資格檢定考試，作為衡量能力提升的基準。**

會計或總務等所有部門在學習法規、系統等教育訓練方面的需求正在升高。員工教育訓練並不是全部委由講師進行，重要的是負責人必須一起參與。應該擬定符合公司的課程，編訂並實踐具有成效的訓練內容。

依部門別評估員工能力的提升

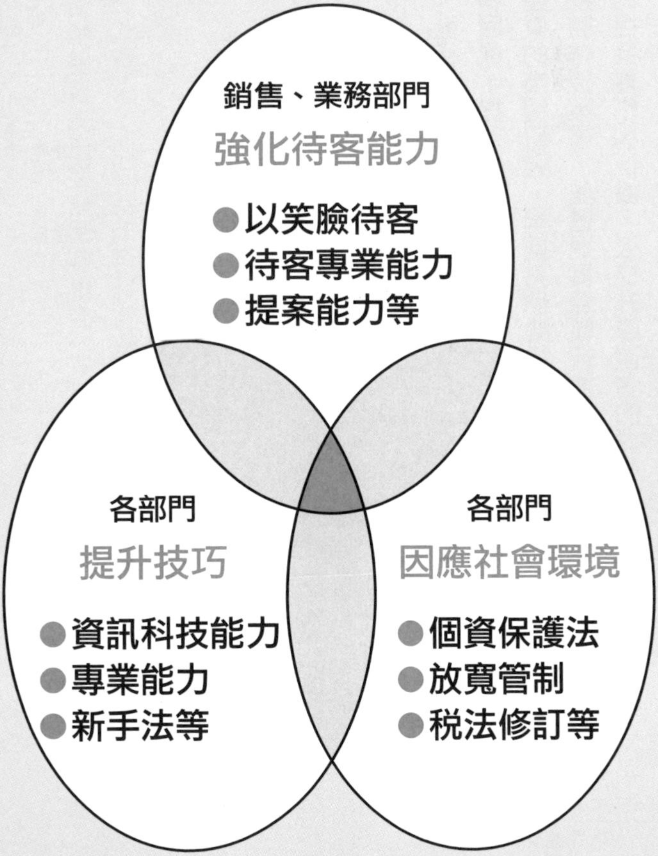

「行銷策劃資格講座」提案書

①提案緣由

近年來，使用過去的業務推展模式已經無法賣出商品，提案型推銷成了必要的環節。企業依照各個行業設置不同的業務負責人，但因為市場是隨時都在變化的，這些人必須足以應對業界變化，才能有所創新。而這項提案，就是由懷有危機意識的業務負責人所提出的「主動提案」。

②提案內容及重點

為了讓業務人員具備市場行銷能力，以取得「行銷策劃」資格作為教育訓練的目標，提高學員士氣及參與意願的提案。

在以下步驟中，列入晉升資格的「行銷策劃」。

- **藉由提案型業務能力，進行既有顧客的深耕。**
- **以開發新的企業客戶為目標，提升企業績效。**
- **從消費者情報或不同產業的市場研究，學習其他業種的促銷手法。**
- **學習提案的思考方式及製作提案書，並透過實際執行加以運用。**
- **以聽講或講座中提出的提案書作為依據，來提升學習者的提案能力。**

「行銷策劃資格講座」提案重點

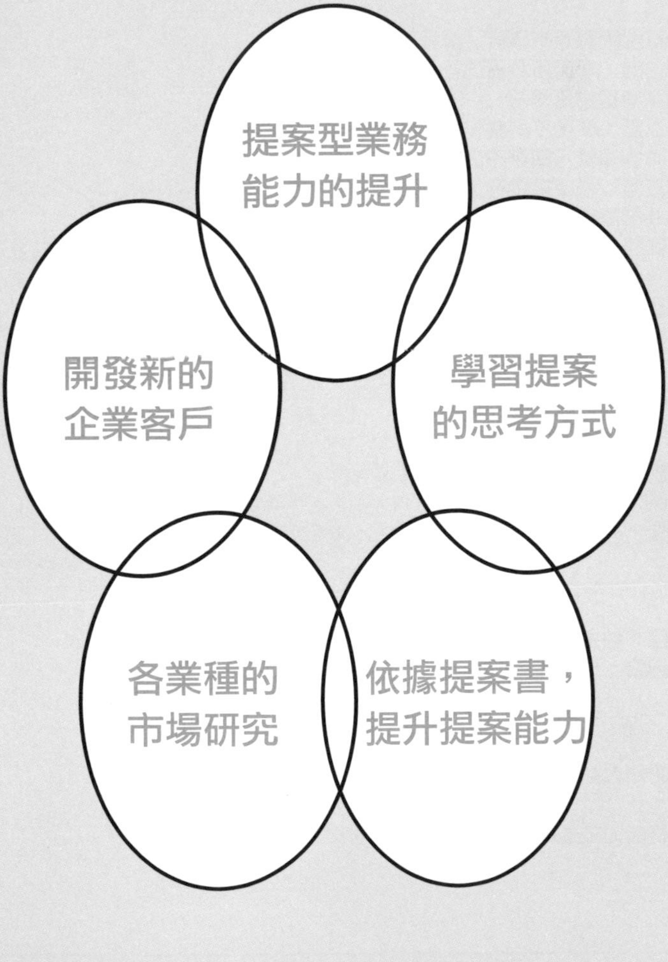

3. 執行內容

「行銷策劃資格講座」課程計畫
第一回：學習所負責的行業消費族群
●學習生活情報
第二回：學習不同業種的行銷手法
●各產業行銷手法講座
第三回：學習市場行銷基礎知識
●市場行銷基礎知識講座
第四回：練習製作提案業務企劃書
●練習提案業務及製作提案業務企劃書
第五回：擬定提案業務策略
●提案業務策略的擬定及修正指導
採事後追蹤：執行半年後，再來檢視業務策略，進行下一步驟的檢討。

4. 執行方法

規劃一年期的課程，定期且持續進行。
各部門每月舉辦一次「市場行銷大學」，半年內總計執行五次。
每月一次，每次 3 小時（下午 6 點～ 9 點）。

6. 講師＆經費：

講師：依主題選定講師
總經費：○○萬日圓

7. 效益目標：

營業額效益期待值：①從既有顧客提案業務獲利：提升 10%
②新顧客開發營業額：至少 5%
業務能力效益期待：學會提案能力，對業務推銷產生自信。

2

提案企劃案例⑤——提升業務人員的提案能力

人事部長　○○○

提升業務人員的提案能力
「行銷策劃資格講座」提案書

提案日期
業務部　○○○

1. 影響業務的現況分析及課題

現狀——
①企業之間的競爭激烈。
②客戶的營業額下降。
③本公司的「登門拜訪銷售」是一大問題點。

課題——業務人員提案能力的強化、市場行銷能力的強化
在業務方面培養行銷能力及提案能力，尋求與其他企業的差異化，以在競爭中取得優勢，並且開發新顧客。

2. 執行提案能力強化講座

①提案名：提升提案能力「行銷策劃資格講座」

②目標：提升業務人員的提案能力、市場行銷能力之提升，達成「穩固既有顧客的營業額」、「開發新顧客」。

③對象：業務部全體人員

④主要內容：外聘講師演講、依實習方式舉辦研習會及資格認定。演講及實習方法各執行 5 次。

⑤執行日：為了避免影響平時的業務運作，於平日夜間及星期六日舉辦。

⑥資格標準：由 5 次講座的出席狀況，以及提案業務策略的內容綜合評估，給予「行銷策劃」資格，並且視實際績效決定是否調薪。
取得「行銷策劃」資格者，依半年後提案業務策略的執行成果，執行優秀員工教育訓練，並在下一個階段檢視是否具備晉升「行銷總監」的資格。

1

07 提案企劃案例⑥ 新事業提案

新事業的提案重點

當企業透過既有商品招攬的新顧客已達到極限時，就要放眼新事業，以創造更高的營業額。

這時候，必須注意以下各項要點。

- **若能就目前的商務延伸擴展，就更容易加入新戰場。**
- **企業若具備「通路」、「顧客」、「技術」等這些加入新事業所需的武器，就能以此為基礎，展開新事業。**
- **先確立「以什麼來做生意？」的商業模式後，再投入新事業。**

選定的商業模式能否成立是重要關鍵，尤其能否獲得顧客，更是開展新事業的最重要課題。

其中，亦必須通過試銷等行銷活動，以實際檢驗其效果。扎穩根基，踏實地擴展業務成績的策略極其重要。

新事業對策的兩點注意事項

運用企業現有資產

通路

顧客

技術等

投入新市場，必須確立商務模式

確保顧客是最重要的課題

建議以試銷來進行檢證

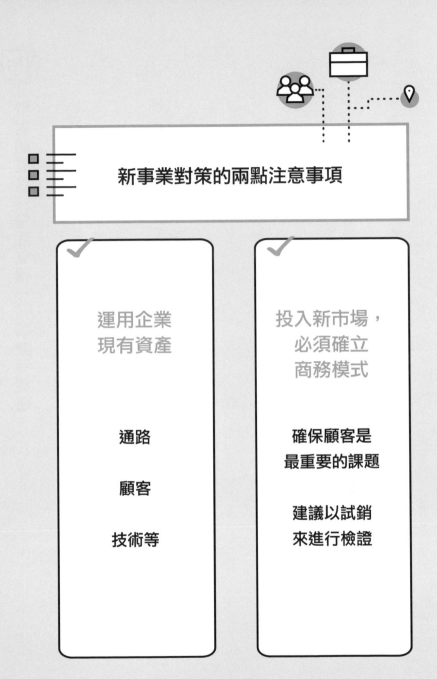

針對銀髮族「生活支援」新事業提案書

①提案緣由

這項提案，是一位社長有鑑於既有事業發展到了極限，而要求經營企劃室提出新事業提案，第一階段是提出可能性的委託提案。基於團塊世代也到了接近退休的時刻，因此將目標放在「銀髮族市場」上。

以高齡者為目標對象的商業服務，若是沒有先充分瞭解高齡人口的特性，就很容易以失敗收場。而如果能夠兼具生理及精神特性的商業服務，應該就能得到銀髮族的支持。

②提案內容及重點

支援高齡者生活之新事業領域的提案。高齡者可能會面臨到孩子結婚成家而自立門戶，只剩老夫老妻兩人，或是配偶已經過世而獨自生活等狀況，導致一起生活的人較少，產生了許多的不便，因此能解決這些不便的商務大有存在的必要性。

具體執行時，要檢討的重點如下：

- **支援體制方面，若是能就個別的服務項目與其他公司跨業合作，成為商務的可能性就會大增。**
- **聚集顧客的業務活動，以和執行退休前後對策的企業跨業合作為目標。**

公司內部提案實例⑥

提案對象的部門、職務、姓名　　　　提案日期

針對銀髮族「生活支援」新事業提案書

提案者的部門、姓名

1. 現況分析及課題設定

65 歲以上的人口達 27%，進入超高齡化時代。然而。在高齡人口激增的同時，可以支援高齡人口生活的機關卻十分有限。

●現況分析

①高齡化比率於 2015 年達到 27%。
- ●團塊世代成為銀髮族，使高齡化比率急遽上升，每五人當中就有兩人是高齡者。

②獨居或只有夫妻倆的高齡人口增加。
- ●夫妻兩人的家庭占 30%；獨居則占 23%。
- ●今後仍會持續增加。

③富裕階層的高齡人口眾多。
- ● 60 歲以上的家庭儲蓄金額平均為 2,384 萬日圓。中間值為 1,587 萬日圓（2013 年）
- ●個人差距懸殊。3 千萬日圓以上者占 26%，2 千萬日圓以下者占 6 成。

④支援高齡家庭的服務很少。
- ●針對高齡者設計的商品雖然持續開發中，但提供支援性服務的只有小規模的到府服務。

⑤高齡者會有抗拒心理。
- ●高齡者對於外人介入生活，心裡會產生抗拒。

表一：高齡人口占總人口之比率估算（65 歲以上）

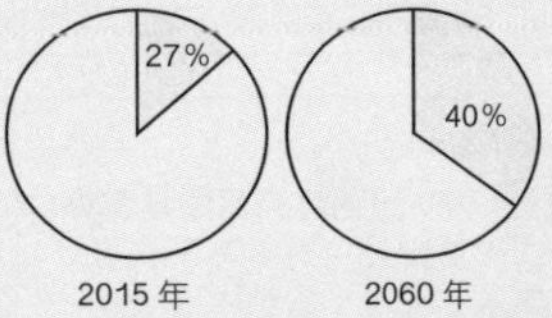

表二：高齡人口保有資產別的比例

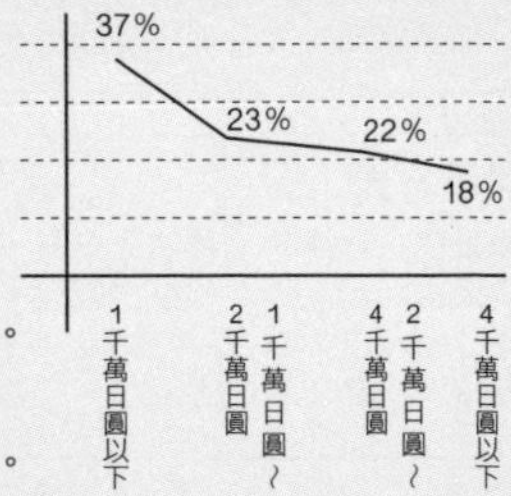

今後需要有人提供高齡者家庭能夠安心的服務。

1

3. 事業開展

●針對會員的服務

執行入會時的顧客問卷調查，以蒐集資訊。

①資產支援
代辦及管理資產、年金
成年監護制度、遺言、繼承等諮詢

②健康支援
就醫、全身健康檢查介紹、醫療諮詢、看護諮詢

③生活支援
寵物照顧、居家到府服務
無障礙空間房屋改建、購物諮詢
電腦及手機諮詢
公益團體機構介紹、各種志工斡旋

④休閒支援
國內外旅遊折扣、文化教室推介、電影或劇場票券代購

支援高齡者的四個層面

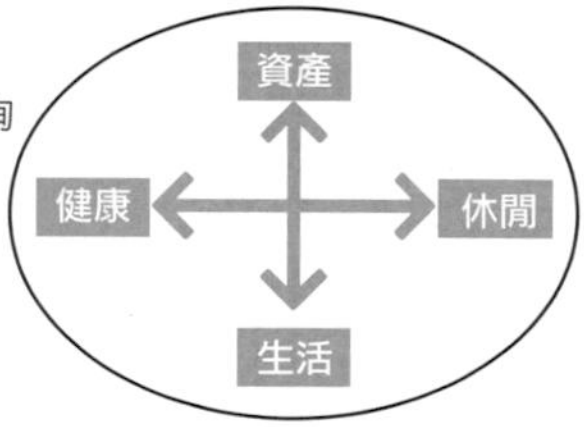

●會費

每月 5000 日圓起的四種套裝組合

①單項支援：提供單項服務。	月付 5000 日圓	
②雙項支援：提供兩項服務。	月付 9000 日圓	（▲ 1000 日圓）
③ 3 項支援：提供 3 項服務。	月付 1 萬 3000 日圓	（▲ 2000 日圓）
④全套支援：提供 4 項項服務。	月付 1 萬 8000 日圓	（▲ 4000 日圓）

加選服務：另外提供加選付費服務。※ ▲：表省下之金額。

●招募方式

- 針對企業活動：拜訪大企業、中小企業，推廣入會。
- 廣告活動：透過報紙、雜誌、網路等推廣入會。
- 介紹制度：由會員介紹會員推廣入會。
- 能安心參加的促銷策略：舉辦入會體驗活動等。

●目標會員數

- 第一年 3 萬人，第二年 5 萬人，第三年 10 萬人
- 第一年在首都圈（以東京為核心的都市圈）進行試銷，以達到 3 萬會員數為目標。
- 其後擴大區域，以 5 年後全國達到 20 萬人為目標。

3

解決課題的提案

2. 解決課題的提案
標題：提案事業名〈針對銀髮族「生活支援」新事業提案書〉

1：目標及思考

提供高齡人口支援服務，解決銀髮族生活的憂慮，創造活力豐裕的社會為目標之新商務。

2：主要客群

鎖定銀髮族的富裕階層

- 單身或只有夫妻倆的銀髮族。
- 大企業的幹部、管理職的退休人員，或中小企業社長、幹部層級的退休人員。
- 退休後資產超過 3 千萬日圓以上的銀髮族。

執行區域：

- 第一年在東京圈進行試銷，第二年度以後再考慮於大阪、名古屋等大都市進行。

參加契機：

- 於退休時期進行招募，吸收退休人士加入「生活支援計畫」。
- 由企業人事部門介紹；會員介紹。

3：主要提供的服務內容

①資產支援

- 代辦及管理資產等。

②健康支援

- 就醫、醫療諮詢、看護諮詢等。

③生活支援

- 寵物照顧、居家到府服務、電腦諮詢等。

④休閒支援

- 國內外旅遊折扣、電影等票券代購。

★上述所提供的服務，可考慮與其他企業共同合作、贊助

4：參加辦法

申請時以單項服務為基準，選擇兩項以上時享有折扣

①單項支援：提供單項服務。
②雙項支援：提供兩項服務。
③ 3 項支援：提供 3 項服務。
④全套支援：提供 4 項項服務。
另外提供加選付費服務。

2

08 提案企劃案例⑦ 新商品發售促銷提案

新商品發售促銷的提案重點

在企業正在進行的廣告、活動或促銷中，往往有很多可提出改善提案的機會。消費者在遠離電視或報紙等大眾媒體的同時，網路、智慧型手機、社群媒體等新媒介也在興起，使得口碑或公關宣傳策劃的重要性日益升高。

另一方面，新商品已經無法再像過去那樣給人強烈的印象了。因此，開發新顧客時，如下的方法便格外重要。

- **重新檢視媒體策略，加強促銷、公關宣傳活動，創造顧客需求。**
- **擺脫商品只限「物」的局限性思考，才能激發創意。**
- **商品將為消費者帶來什麼樣的美好生活——「事」的思考概念。**
- **重視口碑，透過促銷活動，加強賣場人員的應對。**
- **通路部分，要開拓可以涵蓋以往通路範圍的新通路。**

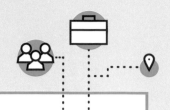

新商品發售的 4 種促銷方法

重新檢視媒體策略提案

- 媒體廣告效果不佳
- 新媒體抬頭
- 網路、智慧型手機、無紙化宣傳等

創造顧客需求提案

- 從「物」到「事」的提案
- 新生活提案
- 生活更豐富提案
- 改善生活提案等

加強促銷、公關宣傳活動提案

- 賣場應對
- 加強待客、銷售手法提案
- 賣場商品體驗活動
- 加強口碑宣傳

改善通路提案

- 既有通路的範圍
- 新通路的開發
- 投入直效行銷

「互動型保全機器人促銷」企劃書

①提案緣由

這是在互動型保全機器人上市前，委託市場行銷部提交的促銷提案。在彙整基本概念後，提出的是如下的委託提案書。雖說是提案書，其實也可以當作企劃書使用。

②提案內容及重點

促銷目標在於銷售目標的達成、掌控足夠的通路、打開商品認知度。主要促銷對象的設定，由於是高價商品，因此必須同時重視商品功能及消費能力。以「另一個守護你的良伴」為標題，賦予互動型保全機器人人格，針對單身女性市場進行促銷。策略重點如下：

- **以擁有商品後的新生活提案為核心，試用體驗提案、通路開發、準顧客開拓為目標，透過活動或展場，進行實品的示範展售等。**
- **在設定為目標客群的女性準顧客容易聚集的地點，如購物中心等進行促銷活動。**
- **重視公關宣傳活動，以低成本高效益為目標，在雜誌上刊登，或在無紙化媒介上推廣商品。**

「互動型保全機器人促銷」提案重點

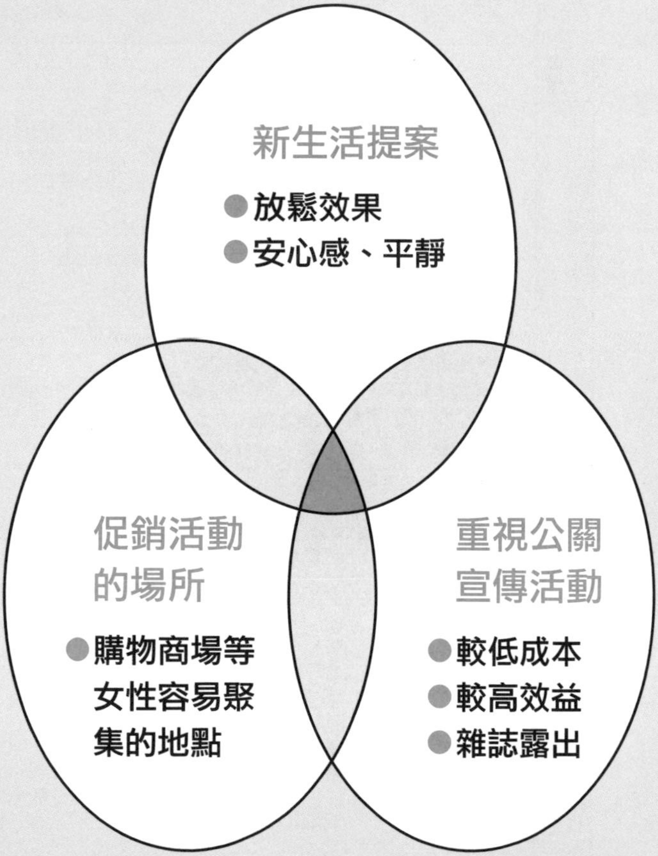

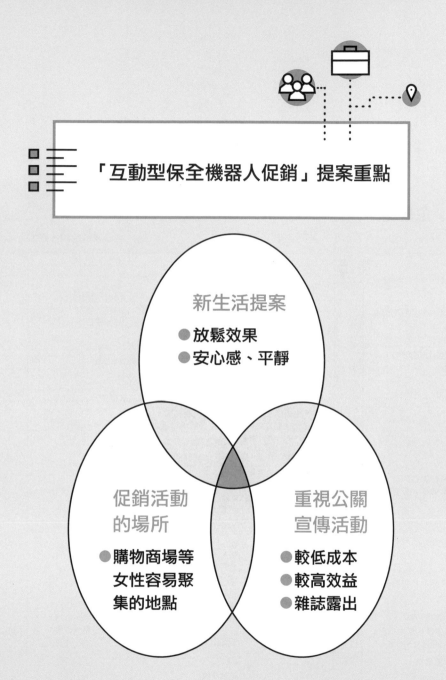

促銷」企劃書

提案日期

【3】具體的論述

提案者的部門、姓名

〇萬日圓。
。
商品品牌的回憶及認知度〇〇%。

不婚的女性上班族
保全問題。
。
。
髮族
策的需求。

」
」提案
解放，讓有對話的生活
。互動型機器人是家中
最佳良伴。

伴」提案
安心外出，具備實用性，
內心的平靜。於銷售店
售。

伴」試用體驗活動
，生活更優雅且豐富，進
驗機器人各種設計及特色。

行實品示範展售。
中，進行實品示範展售。
；展場上的展示可加以
傳。

1. 執行方法、內容

①「另一個守護你的良伴」提案

這是針對 30 ～ 50 歲單身女性上班族的居家安全顧慮及孤獨感設計，使其能夠放鬆精神，而提出的「另一個守護你的良伴」提案。使用宣傳影片，製作公關宣傳用品，在合適的通路，如家電行等目標客群聚集的地點，進行展示銷售。

②「另一個守護你的良伴」試用體驗活動

為了讓顧客實際體驗商品的優點，進行試用體驗募集活動。
透過女性雜誌或以女性為主的網站進行募集。
試用體驗時間：一個月；募集人數：1000 人
體驗者繳交問卷調查表。於試用體驗後，提供優惠價格。

③透過活動、展場，進行實品示範展售。

以參加活動或展場的人為主要對象，進行實品示範展售。可運用銷售通路或公關宣傳場合。

2. 廣告策略（運用的媒體、製作內容等）

①重點放在公關宣傳活動

新商品的公關宣傳價值高，能夠以較少的經費執行。

②善用能播放影像的媒體、善用以目標客群為訴求對象的媒體

積極利用衛星電視台、網路等影像媒介，以及積極利用女性雜誌、網路社群等媒體。

3. 通路對策

積極推動實品展示銷售。
積極開發既有通路以外的通路。

4. 執行時間

上市預告：新商品發售前　2 個月（〇年〇月～〇月）
上市廣告：商品上市發售時　1 個月（〇年〇月～〇月）
追蹤期間：6 個月　（〇年〇月～〇月）

5. 促銷預算及效益

總預算：〇億日圓
預期效益：一、達成銷售目標
　　　　　二、開拓新通路
　　　　　三、主力對象的認知度提升：〇〇%

提案企劃案例⑦－新商品發售促銷提案

提案對象的部門、職務、姓名

【1】現況分析

1. 社會環境越來越孤立化，無人留守的住家增加
   - **經濟不景氣使犯罪率激增。**
     伴隨生活窘困而來的是犯罪率的增加。
   - **單身一人的家庭、無人留守的住家增加。**
     伴隨未婚、不婚的增加，獨自居住的年輕世代也增加了。
     伴隨高齡化社會的來臨，單身居住的高齡人口也跟著增加。
   - **隨著雙薪家庭的增加，無人留守的家庭增加。**
     夫妻都在工作的家庭有增加的趨勢。
2. 防盜保全意識升高，及趨向孤立化社會所帶來的變化
   - **防盜保全商品遍及各領域。**
   - **防盜保全商品有成長趨勢。**
   - **單身人口增加，帶動孤立化人口的增加。**
3. 機器人現況
   - **從引進期到成長期**

   機器人市場今後將急速成長，投入互動型、防盜保全型機器人開發的企業有增加的趨勢。
   初期商品（多數為遠端遙控，也可能運用手機操作）
   A公司：療癒系動物型機器人，〇〇萬日圓
   B公司：巡邏機器人，〇〇萬日圓
   C公司：小型人型機器人，〇〇萬日圓
4. 開發商品特徵
   - **商品名「〇〇〇〇〇」**
   - **小型輕量**　尺寸：〇〇 cm× 〇〇 cm× 〇〇 cm　重量：〇 kg
   - **動作**：底部以兩個車輪在地板上移動，可以對話。藉由對話蒐集資訊，可以成長。
   - **遠距操作**：以手機操作，讓機器人在家中巡邏，也可以操作家電。
   - **特徵**：造型可愛的人型，可以對話互動，人工智能也可以提升。
   - **價格**：〇〇萬日圓　**通路**：家電行等
   - **銷售期間**：〇〇〇〇年〇月

   ★**與其他競爭商品的差異**：優勢：設計、功能　劣勢：價格、重量

問題點及課題

雖然是引進期成長性高的商品，但是**認知度不足**、價格高昂，必須採取**更踏實的引進策略**。掌握與競爭商品之間的差異性，鎖定適合的客群，有效地展開促銷以順利進入市場。

「互動型保全機器

【2】基本方針

1. 促銷目標設定

①第一年銷售目標：達
②確保銷售通路及開拓新
③提升商品認知度：達成目標客

2. 設定主力目標客群

主要對象：30 ～ 50 歲未
不在家的時間多，很關心
回家時間晚，容易感到
收入高，有能力消費高價
次要對象：高齡單身的女
容易感到孤單、有防盜保

3. 概念、主題

概念：「另一個守護你的
主題：「另一個守護你的
從被闖空門或被跟蹤的不
帶來心靈平靜，消除孤
的一員，也是療癒孤單感

4. 執行內容的主要重點

提案 1：「另一個守護你
和機器人一起生活，不僅
而且與機器人對話，更能
面及活動會場進行實品展

提案 2：「另一個守護你
為讓顧客實際感受擁有機器
行試用體驗募集活動。讓顧

提案 3：透過活動、展場
於聚集主要客群的活動或
積極投入具有流行特性的
運用，作為展示銷售或公

PART.6

立刻派上用場！給企業客戶的提案書及企劃書範例

01 提案給企業客戶的必要條件

各部門都需要的企業客戶提案

現今的企業對於缺乏提案能力的合作對象，越來越傾向減少發單採購，因此持續向客戶提案，是一項極為重要的業務活動。

以下依部門別彙整提案案例，不妨找出所有可能的機會提案吧！

- **業務相關部門：因應提案業務創造需求、開拓新通路、穩固既有顧客、擴大忠誠顧客、提升顧客滿意度、因應氣候異常或放寬管制而集客等。**
- **行銷部門：重新檢視廣告或促銷問題，並且引進新手法、區域行銷對策、各種跨業合作、引進新市場行銷手法、活絡網路行銷等**
- **管理部門：強化管制對策、個資保護法對策、防範收受回扣對策、人力及業務外包、引進知識管理系統等。**
- **生產、採購部門：集中採購、共同採購、作業外包、環保問題的因應等。**

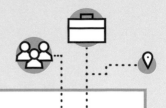

部門別企業客戶對象提案實例

業務相關部門

- 因應提案業務創造需求提案
- 開拓新通路提案
- 穩固既有顧客提案
- 擴大忠誠顧客提案
- 提升顧客滿意度提案
- 因應氣候異常的集客提案

行銷部門

- 重新檢視廣告或促銷問題提案
- 引進新手法提案
- 區域行銷對策提案
- 各種跨業合作提案
- 引進新市場行銷手法提案
- 活絡網路行銷

管理部門

- 強化管制對策提案
- 個資保護法對策提案
- 防範收受回扣對策提案
- 人力及業務外包
- 引進知識管理系統等

生產、採購部門

- 集中採購提案
- 共同採購提案
- 作業外包提案
- 環保問題的因應提案

給企業客戶的提案重點

若是能和企業客戶之間保有信任，並且具備提案能力，就能得到許多委託提案的機會。不過，對於企業客戶而言，尋求外部諮詢不可能不花錢，所以會盡可能設法自行解決。

要是遇到企業客戶委託提案時，不妨積極承接下來吧！因為能夠藉此得到企業客戶提供現況、問題點、課題等資訊，只要充分運用，提出和企業客戶息息相關的提案，就有機會得到訂單。

另一方面，向企業客戶提出的主動提案，務必注意下列要點。

- **務必由自家公司發現企業客戶的問題點及課題，同時也要具備現況分析及市場行銷能力。**
- **平時就要和企業客戶保持密切關係，努力蒐集資訊，才能確實掌握問題點及課題，更容易提案。**
- **解決課題提案的好壞，將成為掌握成交生意機會的關鍵，是積極運用自家公司的提案型業務基礎知識的時機。**
- **持續進行主動提案，以成為企業客戶願意主動商量的企業為目標。**

為企業客戶持續提案

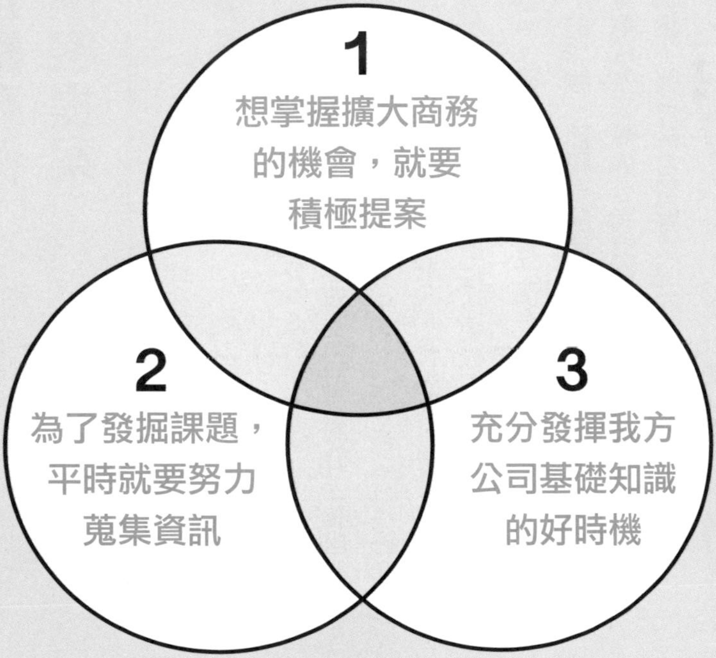
1
想掌握擴大商務
的機會，就要
積極提案
2
為了發掘課題，
平時就要努力
蒐集資訊
3
充分發揮我方
公司基礎知識
的好時機

積極提案，
以成為對方主動商量的企業為目標

02 提案企劃案例①
鞏定顧客提案

如何提升顧客回購率？

企業在開發新顧客上所花的廣告費用，比增加固定顧客的廣告費用多了5～10倍。這是因為增加固定顧客，只要花費比較少的費用即可達成。

由此可知，對於成熟期的商務而言，確保固定顧客是非常重要的事。增加固定顧客也就是要鞏固主顧的意思，應該注意下列要點。

- **顧客並不會想要被單一企業或店家「綁住」。**
- **不要用「綁住顧客」的思維，而是要顧客由衷樂於購買商品。**
- **以成為顧客喜愛並樂意成為粉絲的公司或商店為目標。**
- **顧客經營成為重要關鍵，執行符合顧客狀況的廣告或促銷策略。**

舉例說明，以郵購業界的「持續購買、促銷流程實例」整理成左頁表格，透過這樣的施行策略，盡可能多培養忠實顧客吧！

持續購買、促銷流程實例
（網購業界實例）

①潛在顧客 準顧客	②目標顧客 前景顧客	③初次購買顧客 首購顧客	④二次購買顧客 二次顧客	⑤持續購買顧客 忠實顧客
廣告活動 名單型廣告 要求資訊提供	郵寄廣告 寄送樣品 電話行銷 CTI	郵寄廣告 電話行銷（在最佳購買期實施） CTI	集點服務 購買諮詢 會員制度 CTI 交叉銷售	大量折扣 相關銷售 高功能銷售 介紹制度 CTI 交叉銷售 追加銷售

購買　顧客育成（提高顧客滿意度、培養粉絲）→

新顧客開發廣告費：1～3萬日圓

顧客育成廣告費：1～2千日圓

- ＣＴＩ：電腦電話整合
- 電話行銷：透過電話收集顧客資料、通訊系統
- 交叉銷售：相關商品的販售
- 追加銷售：販售升級商品

促銷首要關鍵是必須符合交易歷史資料或顧客需求

「開發對店家滿意的粉絲」提案書

①提案緣由

這是出於游離顧客多，以致於無法進行顧客管理的企業客戶，委託提出鞏固顧客方法的提案。

②提案內容及重點

根據「開創對店家滿意的粉絲提案」，採取下列5步驟，引進集點卡，創造粉絲群。

- **記住顧客長相提案。**
- **了解歷史消費記錄提案。**
- **讓顧客感到倍受重視提案。**
- **推薦下次購買商品提案。**
- **商店獲得信賴提案。**

首先，製作顧客名冊，目的是要記住顧客的長相。對於經常購買的重要顧客，則採用集點卡制度，致贈小禮物，或提供特別服務，傳達店家的用心是極為重要的事。

根據顧客的歷史消費記錄，推薦其他可能合意的商品，顧客會因為感到喜悅，而成為店鋪的粉絲。

提案企劃案例①——顧客滿意經營

提案對象的企業名稱

「開創對店家滿意的粉絲」提案書

提案日期
提案者的部門、姓名

1. 提案標題	開創對店家滿意的粉絲提案
2. 提案原因	1. 顧客流動比率過高，無法掌握客群。 ●固定顧客過少，只有 8%，無法了解顧客狀況。 2. 營業額變動過大 ●受季節或天候影響，營業額變動極大。 3. 鞏固新顧客的廣告費用成本高昂。 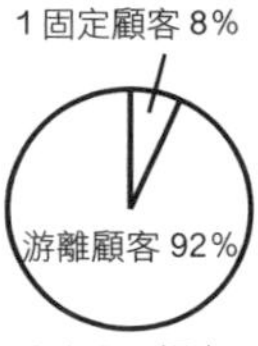 ○○○○調查
3. 對象	居住在半徑一公里徒步範圍內的主婦客群 生活水準居中間階層、小家庭
4. 方法	採取 5 步驟，引進集點卡，創造粉絲群。 1.「記住顧客長相」 ●製作能夠認出誰是主顧的顧客名冊，努力記住顧客長相。 2.「了解歷史消費記錄」 ●製訂能夠得知顧客消費資料的方法。將顧客的消費資料記錄在主顧卡中。 3.「讓顧客感到倍受重視」 ●對於經常購買的顧客，利用集點致贈禮品或提供特別服務。 4.「推薦下次購買商品」 ●從過去的歷史消費記錄，建議下次可購買的商品。 5.「商店獲得信賴」 ●透過 1～4 項活動，就能得到顧客信賴。
5. 期程	制度實施　○○○○年○○月 準備期間　6 個月
6. 經費預算	未定
7. 預期效益	鞏固顧客清單○名，透過引進制度，以比前一年提升 10%為目標。
8. 補充資料	集點卡相關資料

03 提案企劃案例②創造需求提案

創造需求的提案重點

在成熟社會的現代，不論什麼商品都十分普及，新商品的需求開發變得更為艱難。因此，費心創造、開發新的需求就更為重要。

以方法來說，例如以急遽加速高齡化的日本社會而言，需要的是「高齡者健康生活提案」。此外，還有因應人們越來越長壽的「高齡者生存及享樂提案」，以及「祝賀長壽的禮品市場」等開發空間。

站在創造需求的觀點來看，解決消費者的問題或煩惱、優良生活品質提案等商機陸續浮現。不妨利用以下關鍵字去發想，如「新優良生活品質提案」、「時尚生活提案」、「健康生活提案」、「地震、豪雨等緊急災害對策提案」等。

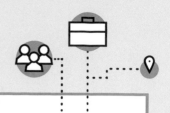

從生活中開創需求的提案

新贈禮提案

開發母親節或父親節的贈禮替代商品，及全新的禮品市場開發，以創造新的需求。是以高齡者為目標對象的嶄新提案契機。也是從「物」轉變為「事」的提案。

花與紅酒的套裝禮盒、出嫁時送給父母的手錶、創造兒孫節[19]送禮等新需求的各種紀念日提案。
古稀（70 歲）、傘壽（80 歲）等各種名目的祝賀商品提案、綠壽提案（虛歲 66 時贈送環保商品）。

新生活提案

因應過去不曾有過的新生活場面而產生的生存提案，發掘潛在需求

新優良生活品質提案：講求豐富生活的提案、高品質生活
時尚男人提案：父親節的提案、時尚銀髮族
搭配提案：情侶裝（相同配件、對錶、自然的成套穿搭等）
銀髮族提案：「重申婚約誓言（Vow Renewal，銀髮夫妻再次宣誓對彼此的感謝及真愛 的儀式）」、「生前遺照（臨終攝影）」
單身貴族提案：一人旅行、一人享大餐、一人生活風格
健康生活提案：防止肥胖、運動障礙症候群對策、小腿按摩提案、養生飲食提案

19 一九九九年日本百貨公司倡議，訂定十月的第三個星期日為兒孫節。

「安心＆安全生活」賣場提案書

①提案緣由

這是由持續業績不振的零售店經營者委託的提案，希望能提出有別於以往的賣場，「創造需求的突破點」之建議專案。

②提案內容及重點

以消費者極為關注的「安心＆安全」為主題，作為切入點，提出賣場的提案。把焦點放在關心健康的主婦在購物商圈會注意的事項，以安心＆安全為號召的提案。

- **依銷售及公關宣傳兩方面的考量，設置試用區、試吃區等供顧客體驗商品的空間。**
- **對於要求詳盡資訊的顧客，提供可以連結網站的綜合資訊。**
- **成為以「安心＆安全」為主題的賣場。**

以最重視安心、安全議題的主婦為目標客群，食品自然也涵蓋在內，再加上衣物、日用品、居家等相關商品一起販賣的相乘效果為目標。使用「安心」、「安全」作為關鍵字，在網路上搜尋，即使原本不太熟悉，也會在搜尋過程中發現許多好的商品。

由於只是提供創意的提案，所以若是創意得到採用，下個階段才會進展到銷售商品的清單及收益計畫。

提案企劃案例②——嶄新突破點的賣場

提案對象的企業名稱

「安心＆安全生活」賣場提案書

提案日期
提案者的部門、姓名

1. 提案標題	「安心＆安全生活」賣場提案
2. 提案原因	①消費者對於安心＆安全議題的關注程度提高。 ②安心＆安全的關注範圍，包括食品、衣物、日用品、居家保全等在內。 ③雖然是符合安心＆安全的商品，但因為認知度不高、公關宣傳不夠，而沒有賣出去的商品極多。 ④以往很少有以「安心＆安全生活」為主題，集中販售相關商品的賣場。
3. 對象	對健康很在意的主婦客群 ●知識水準和生活水準高、都會階層 ●購買原因是為了孩子、家人的健康
4. 方法	以安心＆安全為主題，設置提供相關商品或資訊的專區。 透過銷售及網路聯結，可以同時達到宣傳的功能。 在提供「安心＆安全」的資訊方面，多花些心思。 ①安心＆安全食品專區 ②安心＆安全衣物、日用品專區 ③安心＆安全居家保全專區 ④試用專區 ⑤公關宣傳專區 **賣場示意圖** 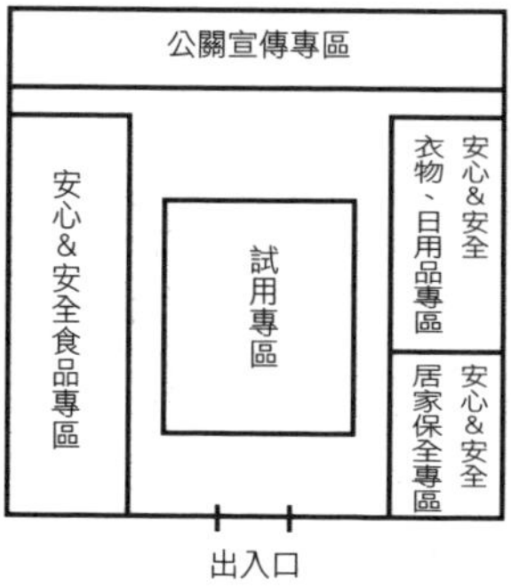
5. 期程	○○○○年 6 月執行（準備期間需要 4 個月）
6. 經費預算	賣場裝修及網站設置　○○萬日圓
7. 預期效益	預估新增營業額（商品銷售＋廣告公關宣傳）○○○萬日圓。
8. 補充資料	健康資訊相關調查資料、健康相關商品一覽表

04 提案企劃案例④網路社群提案

有效運用網路社群的提案重點

在商務中運用網路社群，就是要透過口碑集客。集客的目的會因企業需求而有所不同。經營課題是營業額的公司，其目的是「業務」；至於經營課題是人才招募的公司，其目的則是「招募」。

想運用網路社群集客，重要的是「充實網站的內容」，包括以下兩個重點。

- **第一個重點是「主題要一致」。聚焦在顧客感興趣的主題內容上。**
- **第二個重點是「避免宣傳色彩過濃」。也要發布其他公司或業界的相關訊息，再偶爾夾雜一下自家公司的宣傳，更能達到效果。**

網站的內容要發布有吸引力的情報，並舉辦具有話題性的活動，透過口碑推廣，就能帶來客群。這個方法稱為「內容行銷」。所謂「具有話題性的活動」，則是指講座、展示會、學習會、體驗型活動等。另外，活動的呈現方式也是重要關鍵。

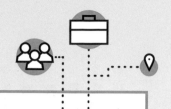

有效活用網路社群的重點

網路社群在商務上的運用，是要以口碑達到集客目的

1. 必須「充實網站內容」～以透過口碑推廣，帶來客群為目標。

①主題一致：聚焦在顧客有興趣的主題內容上。

②避免宣傳色彩過濃：也要發布其他公司或業界的相關訊息。

2. 最主要的內容是「具有話題性的活動」

例如：講座、展示會、學習會、體驗型活動等。
舉辦和內容相關的活動。

↓

實施「內容行銷」

發布具有吸引力的數位資訊內容，以受歡迎的方式呈現具有話題性的活動，以達到集客效果。

✕ **發布商品或服務訊息**

→ **宣傳色彩過濃，無法引發顧客的閱讀興趣。**

○ **發布和商品或服務相關的文章**

→ **引起顧客興趣，口耳相傳達到消息擴大效果。**

運用網路社群「內容行銷」提案書

①提案緣由

這是客戶基於「公司的網路社群經營無法達到集客效果，希望能執行有效對策」而提出的委託提案。

②提案內容及重點

提案的重點在於網站內容的主題。深入探討有關社會貢獻或受歡迎主題的內容，能夠被以口耳相傳的方式推廣，而對於以宣傳公司或商品為目的的內容，大眾只會敬而遠之。但若是過度偏離企業的營運內容，被提案對象採用的可能性也很低。

- **先決定活動。和公司或商品相關的「〇〇新兵營隊」（軍人式的訓練）、「MEET UP」（透過網路，召集關注共同主題的人的活動）等，都是容易上手的主題。也可以運用提案對象過去曾執行過的公司內部研修等具有成效的資料。**
- **數位內容最好採用和活動相同的主題，配套執行。**
- **透過網路發布活動通知。**
- **刊登能吸引人閱讀的文章作為網路廣告，效果會很好。**

提案企劃案例③——運用網路社群提案

提案對象的部門、職稱、姓名

運用網路社群「內容行銷」提案書

提案日期
提案者的部門、姓名

1. 現況分析	**網路社群的經營始終無法達到集客效果** ①對於內容的回應比率極低：現況 0.3% ②邀請活動的出席率不佳：現況 0.5% **課題** ①提高對於內容的回應率。成交率目標 5%（現況 0.3%） ②提高邀請活動的出席率。目標 2.5%（現況 0.5%）
2. 基本方針	**目的**●在網站發布有吸引力的訊息，以具有話題性的活動、受歡迎的呈現方式，達到集客效果。 **對象**●有意願購買該商品的潛在顧客：30 ～ 40 歲左右對網站內容感興趣的女性。 **標題　活用網路社群的「內容行銷」** 30 ～ 40 歲左右對網站內容感興趣的女性。 不強調商品或服務內容，而是以發布具有吸引力的內容，來達到集客效果。 **執行方法：** **①提高內容回應率 ②提高活動出席率**
3. 執行方法	●內容的企劃、運用 企劃及經營事業、商品相關的商務技能，或與公司理念相關的社會貢獻活動。 ●活動企劃、執行 企劃、執行以討論為目的的「○○ MEET UP」；教育研修目的的「○○新兵營隊」。 ●網站內容更新 包括官方網站、部落格、網路影片、社群網路媒體的文章刊登、手機 APP 等的資訊維護及更新。
4. 概算經費	●內容企劃、運用　100 ～ 200 萬日圓左右 ●活動企劃、執行　20 ～ 100 萬日圓左右（一次） ●網站內容更新　200 ～ 500 萬日圓左右 ●各地方廣告計畫安排　需與地方協商
5. 預期效益	相較於過去的網路社群經營，案件化率達 5 ～ 10 倍。

05 提案企劃案例④ 網路購物促銷提案

網路購物促銷的提案重點

想要藉由搜尋引擎策略來增加點閱率並不容易。那麼，該怎麼做才好呢？避開競爭市場，或開拓非競爭市場，都是可考慮採用的策略。這是因為利用網路購物的消費行為產生變化。

- **由於臉書和LINE的普及，使得以口耳相傳作為情報來源的購買行為產生變化。當事人能夠得知原本不知道的良好服務或商品。**
- **按主題發送訊息的手機APP廣受歡迎。使用者可以利用零碎的時間，瀏覽有興趣的APP、分享資訊，喜歡的話，可直接利用手機購買。**
- **消費者把他人發布的訊息當作文章般讀得津津有味，不自覺的產生購買意願。**

建議開發具有交易功能的資訊發布APP，但在資訊發布APP中，要避免宣傳色彩濃厚的訊息、商品或服務介紹。此外，APP也可以用來進行交易。

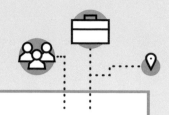

網購促銷策略

- 依賴大型網路購物商場無法提高獲利率。
- 最佳搜尋引擎對策是競爭市場的關鍵。

消費者購買行為的變化

- 網路社群媒介的普及，使得以口耳相傳作為情報來源的購買行為產生變化。
- 最大特徵是當事人能夠得知原本不知道的良好服務或商品。

利用零碎時間瀏覽的 APP 普及化

- 透過手機 APP 按主題發送訊息的服務，大受歡迎。
- 使用者把他人發布的訊息，當作文章般讀得津津有味。透過 APP 獲得消費者「注意」。

嶄新購買行為的對應

- 開發具有交易功能的資訊發布 APP。
- 所發布的訊息必須涵蓋其他公司或業界的相關訊息。
- 可以直接用 APP 選購所介紹的商品或服務。

促銷「建立訊息發送APP」提案書

①提案緣由

這個提案是希望能提高電子商務的收益，而期待能產生實際成果的提案。基於這項委託而提出創意階段的提案。

②提案內容及重點

提案的重點聚焦在發布的訊息上。以特定分類讓主題更加聚焦。例如：「商品×時尚」、「商品×戶外活動」、「商品×酷日本（Cool Japan）」等，以自家公司商品加上受歡迎的主題所合作出的企劃。和過去的異業合作企劃不同，這裡是以發布訊息作為主要目的。

此處的重點不在於提出訊息的發布手法，而是要讓提案對象能夠獲得具體的商品形象概念。

另外，當運用意象較為困難時，可以讓對方看具體的設計內容，是讓提案實現的捷徑。此外，確立運用流程也能讓客戶帶來安心感。很多客戶對於社群媒體有著抗拒感，是因為他們有著強烈的不願意冒險的心態。所以有必要確立從網路上的無數資訊中，篩選出與主題相關的訊息，加上解說或看法等獨家資訊後，再發送出去的過程。

提案企劃案例④——網路購物的促銷對策

提案對象的部門、職稱、姓名

提案日期
提案者的部門、姓名

促銷「建立訊息發送 APP」提案書

<table>
<tr><td rowspan="2">1. 現況分析</td><td colspan="2">自家公司的電子商務營業額停滯
①大型購物商場推出的商品營業額成長中。
②自家公司的電子商務網站瀏覽數卻極少。</td></tr>
<tr><td colspan="2">課題
①無法和大型購物商場的搜尋關鍵字競爭。
②自家公司的電子商務網站瀏覽數極少。</td></tr>
<tr><td rowspan="3">2. 基本方針</td><td>目的</td><td>對象</td></tr>
<tr><td>透過 APP 發送促銷訊息，喚起新的購買行動。</td><td>發送訊息的目標客群。</td></tr>
<tr><td colspan="2">標題「建構訊息發送 APP」
透過訊息發送 APP，對目標客群提出訴求
執行方法：
①企劃、建構訊息發送 APP。
②取得、編寫要發布的訊息後，再進行發送。</td></tr>
<tr><td rowspan="3">3. 執行方法</td><td colspan="2">●市場調查
以篩選出適用於訊息發送 APP 的自家公司商品或服務。
●訊息發送 APP 的企劃、建構
以時尚、戶外活動、酷日本等受歡迎的主題，和其他企業合作，企劃、建構 APP。
●訊息發送的經營
取得、編寫要發布的訊息後，再進行發送。</td></tr>
<tr><td colspan="2">經費概算
●市場調查　100 ～ 200 萬日圓左右
●訊息發送 APP 的企劃、建構　1000 ～ 3000 萬日圓左右
●訊息發送的經營　30 ～ 100 萬日圓左右（每月金額）</td></tr>
<tr><td colspan="2">效益
創建特定商品在電子商務網站的成功案例，能夠成為改變所有商品促銷的契機。</td></tr>
</table>

06 提案企劃案例⑤ 地方活化提案

地方活化的提案重點

「地方活化」或「地方再造」等名詞被喊得震天作響，同時為了因應這些關鍵詞，從民眾觀點出發的活動也日益增加，許多有遠見的人都企圖找出解決的途徑。

不過，事實上，多數的行動都把目光焦點放在上學步道或公園的整建等特定課題上，而缺乏專注在地方整體的綜合性課題規劃內容。

在思考課題時，應該多加考量下列3項原則，相信會更有成效。

- **進行地方活化的提案時，要著重在提案是否符合多數自治團體訂定的綜合計畫書重點。**
- **參考國家公布的政策，提出解決課題也是有效的方法。**
- **行政作業要注意，內容必須包括：向市民或監察機關說明，選擇該提案的原因。**

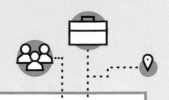

地方活化提案的重要事項

《現況分析》

篩選該地區的優點及缺點，檢討其中的關聯。

《課題設定》

分析地方自治團體已知的課題和現況分析中篩選出的課題，篩選、整理和地方活化提案相關的課題。

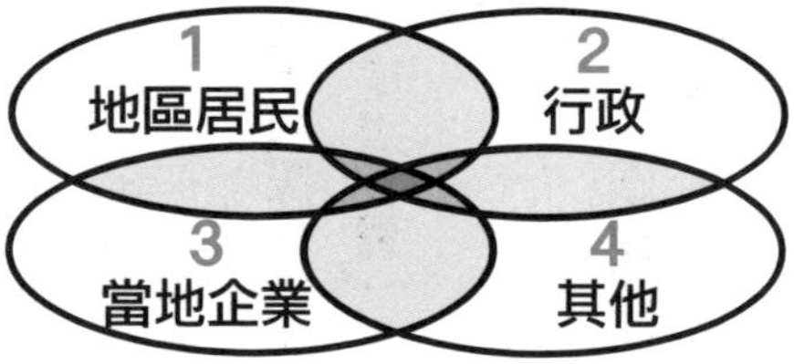

4 組對象所面臨的課題之間有什麼關聯性。

《目標設定》

對於設定好的課題，要界定出將依什麼樣的目標來處理、應對。

《決定標題》

決定出能反映目標的標題。

《基本方針》

依據目標，決定出該執行什麼樣的行動計畫。

「打造活力城市」提案書

①提案緣由

這個提案是某個地方自治團體，隨著大學周邊整頓而帶來的土地重整計畫，諮詢有什麼樣的城市規劃時，所提出的提案書案例。

②提案內容及重點

多數的地方自治團體都備有未來要建造的都市方向綜合計畫書。地方自治團體的中長期計畫，都是依照這份綜合計畫書去執行的。

- **從鄉鎮特徵、造鎮計畫和社會環境變化中，發掘出4個課題。4個課題的範例如：「大學的魅力」、「農業文化」、「農業資產」、「地區共同體」。**
- **根據目標，命名為希望都市「未來閃亮之城」。**
- **基本方針是以「與6大區域緊緊相繫的步行街」組成。**
- **有別於其他鄉鎮計畫，把對象區分為「當地居民」、「未來居民」。**

這次的案例，是針對具體計畫中產生的課題，該以什麼樣的方針來解決，擬出大方向而提案。

提案企劃案例⑤——地方活化提案

提案對象的鎮名

○○鎮

希望都市

「未來閃亮之城」

提案書

2015 年○○月○○日

○○○○公司

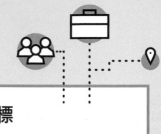

2. 造鎮目標

2. 造鎮目標

〔1〕目標設定

■造鎮目標

「依據當地特性、多樣化的家庭和學生、產業、農業交流，將〇〇鎮打造成為嶄新繁榮的地區」

■造鎮概念

要符合「希望城市」的基本訴求，就必須實現以下 3 項造鎮目標。

1.「能源 100％自給自足的智慧共同體」
2.「能讓祖孫三代安心、安全共同居住的城鎮」
3.「親近農業的城鎮」

〔2〕名稱

希望都市

「未來閃亮之城」

讓人感到安心、安全的城鎮

與國家未來緊緊相繫、豐饒又有活力的城鎮

〔3〕基本方針

■和六大區域緊緊相繫的步行街

把城鎮分為各具特色的 6 大區域，

將各有不同規劃目的的 6 大區域，設計為彼此互通的區域

■對象設定

當地居民（農民、學生、在本地生活的人）

未來居民（贊同理念、今後將移居本地的人，從都市移居鄉下的年輕人或銀髮新貴族）

希望都市「未來閃亮之城」提案書　P2

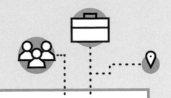

1. ○○鎮的造鎮計畫和課題

1. ○○鎮的造鎮計畫和課題

〔1〕現況分析

1. ○○鎮的現況

■大學城
- ●擁有創校 20 年的農業大學。
- ●是學生聚集的城鎮。

■農業城
- ●農業區栽培的蔬菜品質良好。具備農業資產的灌溉水路。

■區域缺乏凝聚力
- ●雖有當地居民及就讀的學生在此生活，但是缺乏凝聚力。

2. 社會環境

■少子化、高齡化的趨勢
- ●日本持續往超高齡社會邁進。
- ●人口持續減少。

■地方弱化
- ●政治、經濟、文化、人口等過度集中於都會區，弱化地方。
- ●長久下去，當地社會結構將會衰退。

■造鎮計畫是當務之急
- ●地方活化是當務之急。
- ●各地陸續展開城鎮再造計畫。

★○○鎮的造鎮計畫

①整頓農業大學的周邊土地，作為新市街用地。
②利用農業大學所在地的優勢，招攬新產業投入。
③形成新型態的共同體。

〔2〕發掘課題

造鎮計畫的四項課題
在這個提案中，設定了○○鎮造鎮計畫的四項課題

①大學的「知識」、「活力」能夠如何運用？
②農業文化如何傳承？
③農業資產（灌溉水路）如何運用？
④如何打造匯集「民」、「產」、「學」的地區共同體？

希望都市「未來閃亮之城」提案書　P1

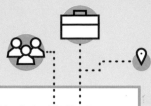

4. 與 6 大區域緊緊相繫的步行街內容

4. 與 6 大區域緊緊相繫的步行街內容

〔1〕執行內容

1. 防災、公共區域
- 利用太陽能發電、小型水力發電來產生電力，利用設置在公園地下空間的儲電設備來儲備電力。
- 停車場設有電動車充電站，可供日常利用。
- 在公園利用汽電共生（cogeneration）發電。
- 緊急狀況發生時，能在防災點供應必要程度的電力，以便災害發生時使用。

2. 節能住宅區．城西區
- 兩代同堂住宅專用地，土地面積稍微寬廣。
- 依建築協定，全戶必須使用太陽能板和儲電設備，可使街景整齊一致。
- 設置兒童遊戲優先空間，其周邊道路汽車禁行。
- 在區域內設置 WI-FI，可隨時確認家人所在的位置，並於主要場所設置保全監視攝影。

3. 節能住宅區．城東區
- 一般家庭住宅專用地，土地面積約 50 坪左右。
- 全戶必須使用太陽能板和儲電設備，可使街景整齊一致。
- 設置兒童遊戲優先空間，其周邊道路汽車禁行。
- 在區域內設置 WI-FI，可隨時確認家人所在的位置，並於主要場所設置保全監視攝影。

4. 異業合作農業專區
- 大學為高齡者開設農業講座，規劃農業區，可舉辦農耕體驗活動。
- 規劃開放給一般居民使用的區域，可採租賃方式使用。
- 農業相關企業的特設區域，可從事試驗栽培等實驗。
- 於收穫季節可享受採收蔬果的樂趣。

5. 從都市移居鄉下的銀髮族定居區
- 關注從都會圈移居鄉下的銀髮族狀況。
- 以公開招標，由民間業者設計、整頓，依新概念打造而成的市街，來打動高齡者的心。
- 由在大都市圈設立總公司或分公司的業者，選定移居的區域，以作為支援。
- 鄰近商業設施、農業專區的銀髮新貴定居區。

6. 吸引商業設施及低樓層集合住宅區
- 「不需要汽車的城鎮○○○」，這個區域的市街規劃，讓居住在附近的居民可以輕鬆徒步到達。實現一個高齡者購物也不需煩惱的城鎮。
- 區域內唯一同時設立醫院的租賃住宅。為學生設置的合租公寓，及為高齡者設置的無障礙空間等，實現不同個性空間的住宅規劃。

■步行街區
- 步行街是全天候型的，並設置鋪有太陽能板的屋頂。
- 埋設共同管道，防災、公共區域等地下空間的規劃都統一管理，也是避難時的重要導引。

- 幾乎所有的管道都和用水鄰接，成為能夠感受四季流轉的未來閃亮之城的重要元素。
- 同時可作為小型水力發電的維護道路。

希望都市「未來閃亮之城」提案書　P4

3. 與 6 大區域緊緊相繫的步行街

3. 與 6 大區域緊緊相繫的步行街

〔1〕執行方法：6 項方針

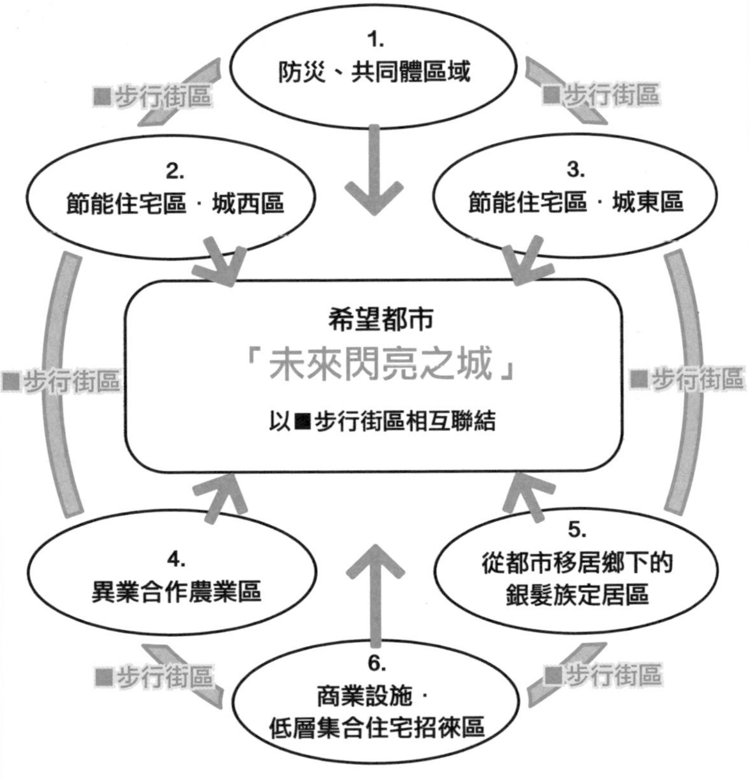

希望都市「未來閃亮之城」提案書　P3

06 提案企劃案例⑥ 活力銀髮族商機提案

銀髮族商機需求開拓的重點

團塊世代者超過65歲以上，日本的高齡人口突破三千三百萬人，二〇一五年占總人口比率27％，更加速了邁向高齡化社會的腳步。

當然，瞄準銀髮族市場商機的企業也不斷增加。雖然族群人數增加，但由於高齡世代及生活型態的多樣化，實際上並無法輕易取得這個市場。也曾出現過因輕率投入而招致失敗的企業，因此審慎擬定企業策略再投入極為重要。

- **成熟社會的銀髮族市場開拓，不是從「物」的商品觀點進入市場，而是要從「事」的觀點，切合消費者的生存方式、生活型態來進行提案。**
- **由於高齡化導致「健康容易發生問題」，使得健康成為重要的商務關鍵字。**
- **退休後的人生延長，所以仰賴新創意的「創造需求」格外重要。**

銀髮族的 8 種生活型態分析

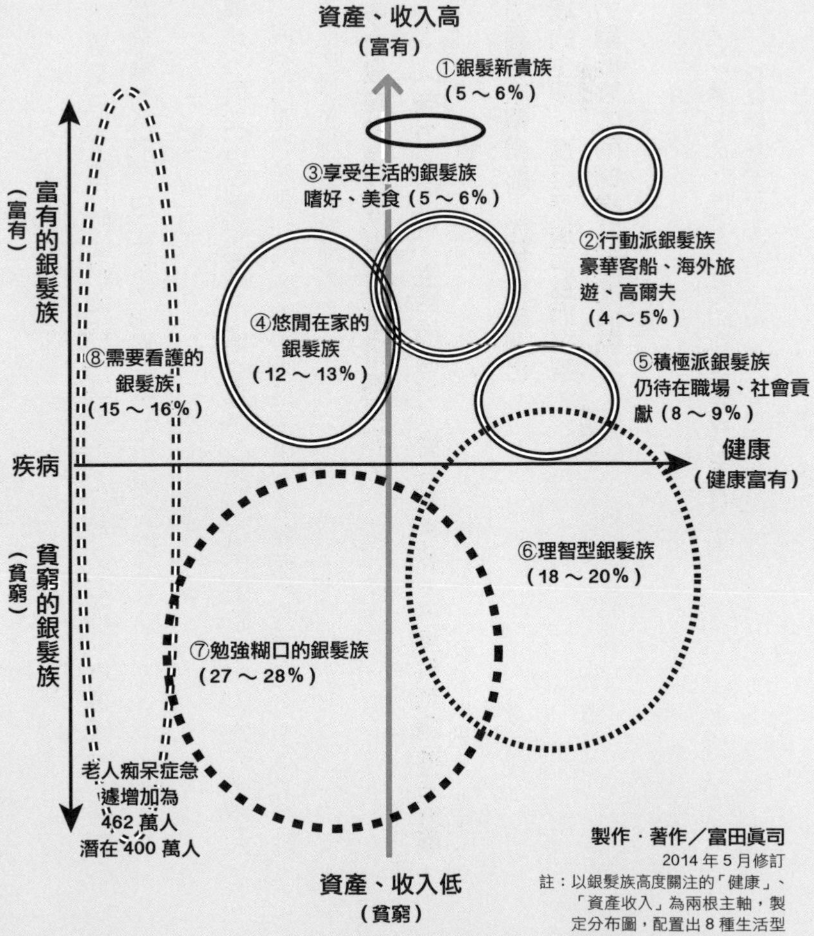

製作．著作／富田眞司
2014 年 5 月修訂

註：以銀髮族高度關注的「健康」、「資產收入」為兩根主軸，製定分布圖，配置出 8 種生活型態的位置，分布百分比是筆者的假設。

「投入支援活力銀髮族市場」提案書

①提案緣由

這個企劃是以讓老年人更有活力為目的而創立的社團法人「日本活力銀髮族總研」，針對拓展銀髮族商機、新投入的企業，為了開拓銀髮族商務需求而製成的提案書。

②提案內容及重點

雖然可預估今後仍會成長，但如何經營銀髮族市場的基礎商務知識仍未確立，因此有著極大的商機。對於高齡者而言，健康是他們最關心的事，因此以「活力銀髮族」為關鍵字，為了針對展開銀髮族商務活動的企業，進行支援活動而提案。

- **為充滿活力的銀髮族市場提供商務支援，是總研的目的。**
- **總研的理念是GTI[20]（活力、愉悅、生命價值），實現PPK[21]（無病無痛地活到壽終正寢）**
- **邀請銀髮族組成活力銀髮族俱樂部，並加以組織化。**
- **針對銀髮族展開商務的企業，進行支援活動而提案。**
- **針對企業及針對活力銀髮族的兩個網站展開活動。**

20 分別為GENKI（元気），TANOSIKU（楽しく），IKIGAIO MOTTE（生きがいを持って）。
21 Pin Pin Korori（ピンピンコロリ），指健康長壽的老人。

提案企劃案例⑥——活力銀髮族商機提案

○○○公司

「投入支援活力銀髮族市場」提案書

——日本活力銀髮族總研開設——

一般社團法人　日本活力銀髮族總研

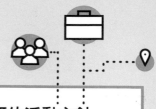

2. 日本活力銀髮族總研的活動方針

2. 日本活力銀髮族總研的活動方針

支援期望成為活力銀髮族的高齡者，
以及支援從事活力銀髮族事業的企業團體

支援期望成為ＧＴＩ活力銀髮族的高齡者

1. 活力銀髮族的資料蒐集及提供給活力銀髮族的情報

①活力銀髮族的資料蒐集並製成資料庫
- 3 年期間蒐集 10 萬人的活力銀髮族資料。
- 蒐集活力銀髮族生活型態的資料。

②提供給活力銀髮族的情報
- 定期透過網站或電子報提供情報。
- 配合目的，提供活力銀髮族實用的情報。

2. 支援活力銀髮族實用的學習會或透過活動，協助高齡者找到同伴

①推廣實用的活力銀髮族學習會及活動。
- 舉辦由日本活力銀髮族總研主辦的學習會。
- 透過網站或電子報，傳遞以銀髮族為主的學習會訊息。

②學習講師為了增加活力銀髮族，支援他們找到同伴
- 派遣講師支援活力銀髮族學習會。
- 提供雜誌企劃製作或概念。

3. 提供活力銀髮族能一展長才的場所

①提供工作、公益團體等能一展長才的場所。
- 提供情報或場所，給有意願但缺乏可供一展長才場所的活力銀髮族。
- 提供工作、公益團體、嗜好、運動等方面的情報。

支援針對ＧＴＩ活力銀髮族為事業的企業

1. 針對活力銀髮族的商務及商品企劃

①針對活力銀髮族的商務進行諮詢或顧問活動
- 舉辦新投入企業的學習會、諮詢、顧問活動
- 對所有投入企業進行事業擴大的諮詢、顧問活動。

②舉辦針對活力銀髮族的商品企劃支援或體驗活動、調查研究活動
- 進行對活力銀髮族有益的商品企劃支援活動。
- 舉辦體驗、調查研究、迎賓會等活動

2. 支援專為活力銀髮族設計的商品或服務的推廣活動

①支援專為活力銀髮族設計的實用商品或服務的推廣促銷活動
- 支援推廣商品的各種促銷活動。
- 針對組織化、持續購買、獲得新顧客等促銷手法進行提案及執行。

②確認「指定商品」、「推薦商品」，支援高齡者更有活力的有價值商品。
- 日本活力銀髮族總研「指定商品」使用標誌、在網站介紹等，給予多方面的後援。
- 日本活力銀髮族總研「推薦商品」，在網站公告，透過標誌來推廣認知度等後援。

ＧＴＩ（Ｇ：活力；Ｔ：愉悅；Ｉ：生命價值）實現ＰＰＫ

創造活力銀髮族的同伴
以 3 年 10 萬人參加為目標

2

1. 日本活力銀髮族總研設立目標及思考

1. 日本活力銀髮族總研設立目標及思考

★現況分析

日本進入超高齡化社會，必須要有新的對策

日本 65 歲以上的高齡者已經突破 3000 萬人，正迎接超高齡化社會的來臨。人類能夠長命百歲，身處長壽社會是一件美好的事。

若增加的是健康有活力的高齡者，就能為社會帶來活力，但增加的若是罹患老年痴呆症或需要看護的老年人，則會造成國家和國民無法避免的負擔。

老年痴呆症人口達 462 萬人（2012 年），而有可能形成老年痴呆症的輕度老年痴呆症高齡人士則達 400 萬人，預測今後還可能會持續增加。當然，需要看護的人口也在持續增加中，而這將使得國家停滯不前。現在的日本需要的是「健康有活力的高齡者」！

★設立目的

為了增加活力銀髮族而設立「日本活力銀髮族總研」

我們「日本活力銀髮族總研」是以「增加日本健康有活力的高齡者」為目的。若是健康有活力的高齡者能夠增加，醫療、看護費用等和社會福利等相關費用就能減少。因此，為了讓高齡者能夠有活力，進行各種研究及活動。同時，為了增加活力銀髮族而開設「活力銀髮族俱樂部」，目標希望 3 年內能夠達到 10 萬人的俱樂部會員。

★基本概念

ＧＴＩ（Ｇ：活力；Ｔ：愉悅；Ｉ：生命價值）實現ＰＰＫ

很多日本的高齡者，都祈禱著自己能夠ＰＰＫ（無病無痛地活到壽終正寢）。然而，實際上多數人的晚年卻多半過著老人痴呆或受人照顧的看護生活而逐漸老去。今後將能以ＧＴＩ實現ＰＰＫ。

透過日本活力銀髮族總研，期待過著活力、愉悅、生命有價值的銀髮族而展開活動。

一般社團法人　日本活力銀髮族總研

1

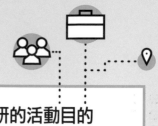

4. 日本活力銀髮族總研的活動目的

4. 日本活力銀髮族總研的活動目的

支援對象

以成為ＧＴＩ活力銀髮族
為目標的高齡者

★協助高齡者更有活力——
想成為更健康的老年人。
想擁有更多同伴的老年人。
想工作的老年人。
想要更活躍的老年人。
希望活得更開心的老年人。

協助高齡者更有活力

協助對象

針對ＧＴＩ活力銀髮族
事業的實施企業

★協助解決高齡者商務的課題
無法掌握高齡者的實際狀況。
無法做到高齡者的集客。
針對高齡者的促銷策略無法順利進行。
針對高齡者的商品企劃進展不順利。
缺乏針對高齡者的了解等。

協助解決高齡者商務的課題

5. 日本活力銀髮族總研的活動內容

針對兩種對象的網站

**以成為ＧＴＩ活力銀髮族為目標的
高齡者活力銀髮族俱樂部**

活力銀髮族俱樂部活動
- 活力銀髮族俱樂部招募
- 料理教室協力贊助
- 魔術教室協力贊助
- 活動協力贊助
- 活力銀髮族教室
- 女性之友協力贊助

**針對高齡者事業的
實施企業**

日本活力銀髮族總研活動
- 事業支援、企業協力贊助
- 指定標誌、推薦標誌
- 商務講座
- 提供概念、派遣講師
- 企劃提案
- 提供網頁橫幅廣告

4

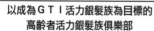

3. 日本活力銀髮族總研的概念

3. 日本活力銀髮族總研的概念

日本活力銀髮族總研的概念

以GTI實現PPK

G：增強銀髮族的活力	T：增加銀髮族的愉悅	I：使銀髮族的生命更有價值
身體的健康 健康的飲食 運動、散步、睡眠、心靈健康面等。	**心靈的健康（愉悅）**	**頭腦的健康（生命價值）**

現況的達成率（推估值）

6成	3～4成	1～2成

日本活力銀髮族總研期望的社會

8成	5成	3成

延長日本人的健康壽命

3

- conclusion -
結語

變化劇烈的現今，提案書及企劃書更是不可或缺

進入成熟社會的現代，再加上氣候異常、地震等天災難測的日本，變化劇烈的現今，正是提案書、企劃書不可或缺的時代，因此非常需要符合當下需求，提出新觀點的提案。

我在十年前所寫的《輕輕鬆鬆寫出提案書．企劃書》，承蒙讀者的支持，成為了長銷書。如今迎接第10年的到來，我配合時代的需求，重新寫成這本全新的提案書、企劃書撰寫教戰手冊。

本書的製作，要特別感謝磯部一郎、高谷良二的鼎力協助，在此特向二位表達誠摯的謝意。

迅速寫出提案書、企劃書的5個基本原則

以下是我在實際撰寫提案書、企劃書時的5項基本原則，提供大家參考，並作為本書的結論。

①務必「好奇心旺盛」地持續懷抱「問題意識」

寫企劃的人必須經常保持「旺盛的好奇心」，因為進行企劃時，最不可或缺的就是嶄新的

資訊。時時刻刻懷著探究問題的態度將是其中關鍵，如此才能夠確立對自己而言，什麼才是必要的。

②務必「建立自己的資料庫」

資訊無所不在，要從這些訊息中整理出哪些是對自己有用的訊息，建立自己的資料庫，這樣才能隨時取出必要的資訊，迅速提案。

③務必靈活切換「3種思維」

製作提案書、企劃書時，靈活切換「資料思維」、「提案思維」、「彙整思維」是很重要的。能夠清晰地在必要時刻進行切換，是製作提案書、企劃書的必要條件。

④務必時常積極思考，以「得到更好的創意」

製作提案書、企劃書時，如果心裡面一直覺得很困難，就會寫不出來。而不斷想著「我要得到更好的創意」，就會成功想出策略。所以時常抱著積極正面的想法是極為重要的。

⑤務必把「提案書、企劃書寫到最後」

不要慌慌張張、急急忙忙地倉卒寫下提案書、企劃書。在創意階段，應該要好好的寫下摘要，確立提案的完整輪廓後，再開始著手撰寫提案書、企劃書。否則倉卒寫成的話，還必須一再修改，反而要花更多時間。

Memo

Memo

任何人都可以寫出神級提案.好企劃/富田眞司著；卓惠娟譯.
-- 二版. -- 臺北市：八方出版股份有限公司, 2021.08
面；　公分. -- (How ; 91)
ISBN 978-986-381-229-6(平裝)
1.企劃書
494.1　　110013078

作者／富田眞司
譯者／卓惠娟
編輯／王雅卿・黃凱琪・江宜蔚
版面設計／季曉彤
封面設計／王舒玗
總編輯／賴巧凌
發行人／林建仲
出版發行／八方出版股份有限公司
地址／台北市中山區長安東路二段171號3樓3室
電話／(02) 2777-3682
傳真／(02) 2777-3672
總經銷／聯合發行股份有限公司
地址／新北市新店區寶橋路235巷6弄6號2樓
電話／(02)2917-8022
傳真／(02) 2915-6275
劃撥帳戶／八方出版股份有限公司
劃撥帳號／19809050
定價／新台幣 340元
二版1刷　2021 年8 月